白牙
WHITE FANG
傑克・倫敦◎著

【編者薦言】

荒野狼的成長

劉宇青

遙遠的年代裡，第一匹自荒野中走向營火的狼，與人類立下了契約，從此忠心於人類，接受馴養。古老契約的魔力，悠遠而綿長，消溶在血液裡，代代相傳。

白牙的外型完全是一隻狼，擁有狼的迅捷與兇狠，卻自母親處傳承了四分之一的狗血統，內心深處殘留了受人馴服的古老因子。

即便如此，白牙仍是一隻出生於荒野的狼，牠在荒野裡學習獵食、學習生存之道，牠體內狼族的血恣意奔騰著，直到牠碰上灰鬍子。

究竟是古老契約發揮的約束力，還是屈服於灰鬍子如神明般的力量？白牙成了灰鬍子的附屬品，為他看管財物、為他拉雪橇，又在灰鬍子手裡被轉賣給如惡魔般的神「帥哥史密斯」。

如果說，灰鬍子訓練白牙懂得狗的「服從」，那麼帥哥史密斯就是將白牙屬於狼的天性重新挖掘出來，並且變本加厲。白牙被環境形塑成了喪失理智，心中只有憤恨的瘋狂戰狼。

在一次與牛頭犬的打鬥中，戰無不勝的白牙落敗了，險些喪命，史考特現身救了牠，之後又以無比的耐心與關懷，漸漸化解了白牙久已冰封的心。驕傲的白牙首次感受了神的溫情，不再僅是屈服於神的棍棒下。

白牙無疑是幸運的。小說結尾，一位上門尋仇的逃獄罪犯的人生，似乎就像是白牙的前身。

「監獄不曾使他洗心革面，懲罰也無法挫他的壞脾氣。他可以一聲不吭地受死，也可以戰至最後一口氣，就是不能活著被打敗。他戰鬥得愈兇狠，社會就對他愈冷酷，而冷酷的結果只會使他變得更加兇暴無情。」

在惡的循環下，罪犯不信任任何人；如同白牙在帥哥史密斯的特訓下，成為冷酷無情的殺手。罪犯最後死於白牙忠心護主的猛烈攻擊下，而白牙僥倖存活，這是多麼鮮明又殘酷的對比啊！

假如白牙不曾被史考特救下，不曾被史考特的愛心溫化，那麼白牙的一生，可能就類同於那個不爲社會所容，因而更殘暴冷酷的罪犯了。

古老的契約或許有其魔力，但在白牙身上，我們卻可清楚看見，後天的形塑勝過一切。

CONTENTS

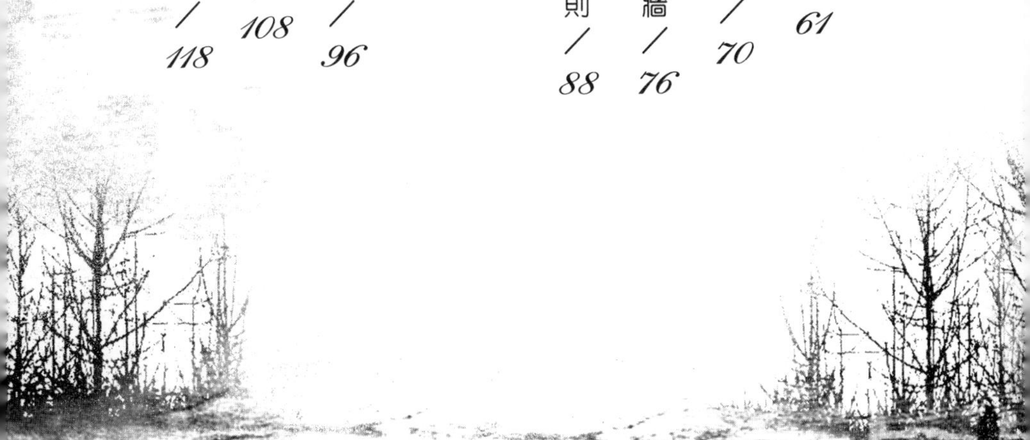

第四部

CONTENTS

第一部

第一章　肉味

陰森森的針樅樹林攢聚在封凍的水道兩旁，剛剛颳過的一陣風剝落了樹上覆蓋的白霜，在逐漸消逝的天光中，它們彷彿幽黑而不詳地倚向對方。大地寂靜無邊。土地本身是一片荒涼；沒有生氣、沒有動靜，如此孤寂而寒冷，縱使悽慘亦不足形容其情境。天地裡隱隱含著一股笑意，卻是一股比任何悲慘事物都令人心驚的笑——一股恰似斯芬克斯①嘴角微笑般不帶絲毫歡樂，如同摻和著無比酷厲的嚴霜般冰冷的笑。那是千年萬載卓絕而沈默的智慧對生命的徒勞與無功所發出的嘲笑。那是荒野——殘酷無情、野蠻淒涼的北地寒荒。

然而在此蠻荒世界裡，卻有生物踏上疆境大膽挑釁。冰雪凍結的水道上，一列兇惡如狼的狗正辛苦跋涉前行。牠們渾身聳立的硬毛沾著冰霜，嘴裡呼出的水汽泡沫剛一離口便冷凝結凍，落在周身皮毛化爲冰晶。這一列狗隊身上套著皮革轠轡、繫著皮繩，綁在拖曳於後方的雪橇上。雪橇是用堅實的樺樹皮所製成，沒有滑橇，整個底表貼在雪地上，前端像卷軸一般向上翹起，以便輾過柔軟的積雪，將恍如浪潮般湧起在前方的雪峰壓在雪橇下。雪橇之上，牢牢捆著一具狹長的長方形箱子，此外還有一把斧頭、幾張毛毯、一只咖啡壺和煎鍋；不過很顯然，絕大部分的空間都被那狹長的長方形箱子所占。

領在狗隊前頭，是個穿著寬底雪靴吃力前進的男子；而跟隨雪橇之後，還有另一名男子艱辛地拖著腳步押隊。第三名男子躺在雪橇上的箱子裡；他的跋涉已然結束——荒野征服了他、將他擊敗，直到他再也無法動彈、掙扎。荒野不喜歡「活動」。生命對荒野而言是一種冒犯；因爲生命本身便是活動，而荒野的目標永遠指向摧毀活動。它凍結水流防止它奔向大海；它逼出樹木汁液，直到冰透它們最深最深的中心；然而一切的一切都比不上荒野對於歸降之人——那最是紛擾好動、時時刻刻違背「所有活動終將歸於止息」格言之人——的摧殘、蹂躪來得猙獰可怕。

但在雪橇狗隊前後，卻不屈不撓、無畏無懼地跋涉著的兩名還未喪生的男子。他們身上裹著毛氈和經過鞣製的柔軟皮革，睫毛、臉頰、嘴唇都沾上他們呼出氣息所凝成的冰珠，以至於難以辨識兩人的廬山真面目。這使得他倆恍若置身鬼魅化裝舞會的場景中，在幽冥世界的某個鬼魂葬禮上扮演承辦殯葬事務的人員。只是脫下面具，他們都是入侵荒涼寂靜、酷厲惡劣大地的凡夫俗子，致力龐大探險的渺小冒險家，投入猶如九幽重泉般乖離杳眇、死氣沈

①sphinx：希臘神話中有翅膀的獅身女首怪物，凡是不能回答其謎語之人均受其害。

沈的無極天地。

他們一語不發地向前行進，以便調節呼吸、節省體力。來自四面八方的寂靜帶給他們紮紮實實的壓力。就像深水之中的強大水壓影響潛水者的軀幹，寂靜也深深影響他們的心理。它以相當於無邊浩瀚與難違天命的萬鈞重力壓迫著他們，將他們逼迫到自己心靈最隱秘的幽深處。恰似從葡萄果實榨出汁液，它榨出他們所有虛妄的熱情與激昂，以及人類心靈中過度膨脹的自我評價，直到他們終於察覺自己的有限與渺小，感受自己不過像是細微的浮塵，帶著薄弱的狡黠和小小的智慧，在巨大難測的風霜雨雪……自然要素與力量的作用及交互作用間活動。

一個小時過去了；又一個小時經過。沒有太陽的短暫白天，淡淡的天光開始晦褪。這時寂靜的空中遙遙響起一聲微弱的長號。那聲音先是急驟地向上高竄，直到達到它最高的音符，然後繃緊抖動的音色持續一陣，這才慢慢地消逝。若不是那聲音中明確帶著悲愁的兇狠與飢餓的渴望，簡直像煞迷路者的哀號。領在狗隊之前的男子扭過頭來，與在雪橇之後押陣的男子四目交遞，隔著狹窄的長箱互相頷首示意。

第二聲號叫接著響起，針般尖銳的聲音刺破岑寂。

兩名男子雙雙豎耳判別聲音的來處——那聲音來自後方；來自他們剛剛走過那片茫茫雪

地的某處。第三聲呼應的號叫繼之而起；也是來自背後，在第二聲叫聲之左。

「比爾，牠們在跟蹤我們。」走在狗隊前的男子說。

他的聲音空幻而嘶啞，顯然說得很吃力。

「肉食難尋；」他的夥伴回答：「我有好幾天看不到一點兔蹤了。」

此後他們不再交談，只是雙雙提高警覺，留神細聽背後持續響起的獵食叫聲。

天黑之後，他們將狗趕進水道邊緣的一簇針樅樹叢裡，並且架起一座營帳。安放在營火旁的棺木被用來充作餐桌與座椅，幾條外型似狼的狗雖然聚在營火的另一側咆哮爭吵，卻顯然沒有一隻想要脫離團隊跑到黑地裡。

「亨利，我覺得牠們好像逗留在離營很近的地方。」比爾表示。

亨利蹲踞在營火邊，點點頭，在咖啡壺裡放進一塊冰，然後坐到棺木上開始吃東西，這才開口說；「牠們知道藏身何處才安全；這些狗哇，牠們寧願搶食也不願當別人的腹中餐，真是聰明。」

比爾搖搖頭：「噢，我可沒把握。」

他的夥伴好奇地盯著他：「這是我有史以來頭一遭聽到你說牠們未必很聰明哩！」

「亨利，」比爾慢調斯理地大口嚼著青豆：「你有沒有注意到剛才我餵那些狗時，牠們吵成什麼樣子？」

「的確是比平常搗蛋些。」亨利承認。

「亨利，我們有幾條狗？」

「六條。」

「唔，亨利……」比爾頓了一頓，好讓他的話聽來更顯事關重大，「沒錯，亨利，我們帶了六條狗。我從袋子裡拿出六尾魚；亨利，我給每條狗一尾魚吃，結果短少了一尾。」

「你算錯啦！」

「我們有六條狗，」比爾平心靜氣地重申：「我拿了六尾魚出來。單耳沒吃到，後來我再從袋子裡拿一尾給牠。」

「我們明明只有六條狗。」亨利說。

「亨利，」比爾接口：「依我看牠們不見得全是狗；不過吃魚的確實有七條。」

亨利停止吃東西，隔著火光瞄過去，清點一下狗數。

「喂，只有六條啊！」

「我看見另一條從雪地跑掉了，」比爾冷靜而篤定地宣稱：「我看見七條。」

亨利憐憫地瞅著他：「等這趟旅程結束後我會樂死的。」

「你說這話是什麼意思？」比爾詰問。

「我是說我們這趟運的東西把你搞得神經兮兮，現在開始產生幻視啦！」

「原先我也這麼想，」比爾嚴肅地回答：「因此當我看見牠從雪地上跑走時，我檢查過雪面，並且看到牠的足跡。這時我再清點狗數，結果還是六隻。現在那些足跡就在雪地上。你想看看嗎？我可以指給你看。」

亨利默默嚼著食物沒回答。直到吃完晚餐，喝下最後一杯咖啡，才用手背擦擦嘴，說：「這麼說，你認爲那是——」

一聲淒厲的長號從黑暗中傳來，哀切的嗥叫打斷他的話聲。他停下來凝視細聽，然後揮手比著嗥聲響起的方向說：「牠們之一？」

比爾點點頭，「在我看來這個可能最大；你自己也注意到那幾條狗亂成什麼樣子了。」

一聲接一聲的長號，加上一陣陣呼應的叫聲，把寂靜的世界轉變成一座瘋人院。嗥聲從四面八方響起，狗群驚慌萬狀地擠成一團，拚命靠近營火邊，近得身上的毛都被熱氣給烤焦了。比爾先往火堆裡再丟點木柴進去，然後點起他的煙斗。

「我覺得你有點消沈。」亨利表示。

「亨利……」比爾抽幾口菸，沈思片刻：「亨利，我在想啊——我們未來絕不可能像他這樣幸運。」

他拇指朝下指指兩人所坐的箱子，顯然話中的「他」指的是棺木內的第三者。

「亨利，等你我死的時候屍身上要是能有足夠的石頭堆蓋著，別讓狗咬就很幸運了。」

「不過我們不像他，有人運、有錢使、什麼都有。」亨利附和：「千里殯葬；你我根本負擔不起。」

「讓我想不透的是——亨利——像他這麼一個人，在家鄉若不是個名門貴族、也準是個富家子弟之類的，既不愁吃，也不愁穿，何苦要跑到這種狗不拉屎、雞不生蛋的地方，實在教人不明白。」

「要是當初他好好留在家裡，說不定能活到高壽之齡哩。」亨利同意。

比爾開口想說什麼，卻又改變心意，指著從四面八方壓迫他們的黑暗之牆。在一片漆黑中，四周看不出有什麼形狀，只有一雙眼睛像紅透的炭火般磷磷閃著光。亨利用頭朝第二對、第三對眼睛的方向指指，營帳周圍圍著一整圈寒光閃爍的眼睛。時而某對眼睛移動了，又時而某對眼睛暫時消失，然後又一下子現形。

狗群的不安愈來愈強烈，在突如其來的一波恐懼中，牠們爭相驚慌奔竄到營火旁，匍匐在兩名男子腳跟邊畏縮抖瑟。混亂中一隻狗被擠翻到營火邊緣，剎時空氣中瀰漫著狗毛燒焦味，還有牠又痛又怕的尖聲慘叫。這陣騷動導致那由眼睛圍成的圓圈不安地飄移了一下，甚至還稍稍往後撤退一點，但等狗群安靜下來後，那圓圈也隨即固定在原地。

「亨利，彈藥缺乏真他媽的倒楣透了！」

比爾抽完了菸，正幫著同伴把皮氈、毛毯鋪在他晚餐前布置於雪地的針樅樹枝上當床舖用。亨利嘀嘀咕咕地，開始解開他的鹿皮鞋帶。

「你說你還剩多少子彈？」

「三發；」比爾回答：「我巴不得有三百發。這樣我就可以叫牠們瞧瞧我的厲害了。該死的東西！」

他憤怒地朝那些磷磷的目光揮舞拳頭，將他的鹿皮鞋小心放在火苗燒不到的地方烘烤。

「我還希望這大冷天快快結束。」他又說：「已經有兩個禮拜氣溫都在零下五十度了。亨利，我真後悔展開這趟旅程。我不喜歡這種樣子。總之，我覺得不對勁。若說還有希望，我希望這趟旅程已經結束，不再有任何瓜葛，此刻你我正翹著二郎腿在麥加利堡的壁爐旁打牌——那就是我的願望。」

亨利咕咕噥噥地爬進被窩，才剛入睡，又被他的夥伴吵醒。

「喂，亨利，另外那隻東西摸進來吃了一條魚——這些狗爲什麼不攻擊牠呢？我實在百思不解。」

「比爾，你太多心啦！」對方帶著濃濃的睏意：「你以前根本不是這樣子。快，閉上嘴巴睡覺，等明天天一亮你就會恢復正常啦！你胃不舒服，所以才會胡思亂想。」

兩名男子蓋著一條毛毯，呼吸沈重地並排睡著了。營火漸漸熄滅，圍在營帳四周那圈隱約可見的眼睛也湊近前來。狗群驚慌地擠成一團，每當其中某對眼睛靠近便時時威嚇地高吠幾聲。一度牠們咆哮之聲直徹雲霄，響聲把比爾吵醒過來。為了不打擾夥伴的睡眠，他小心翼翼地下了床鋪，在火堆裡扔進幾塊木頭。火勢開始燒旺，那一圈眼睛漸漸往後退開了。他漫不經心地瞄一眼狗群；突然揉揉眼睛，機警地注視著牠們，然後爬回被窩。

「亨利，」他喚著：「噢，亨利！」

亨利呻吟著從睡夢中醒來，詰問：「又怎麼啦？」

「沒什麼，」比爾回答：「只不過又變成七條了；我剛剛數的。」

亨利喉頭咕嚕一聲，算是聽到他的話了，隨即又在鼾聲中飄入夢鄉。

翌日早晨，亨利首先醒來，比爾也跟著下床。雖然時間已是六點鐘，卻要再過三個鐘頭才天亮。亨利在昏暗中四下張羅早餐，比爾則捲起毛毯，整理雪橇，準備綁上縛索。

「喂，亨利，」他突然問：「你說我們有幾條狗？」

「六條。」

「錯了。」比爾得意地宣稱。

「又變七條了？」亨利詢問。

「不；是五條，有一條不見了。」

「該死！」亨利怒吼一聲，扔下烹調工作來數狗。

「你說得對，比爾。」他表示：「肥肥不見了。」

「牠就像塗了油的閃電一樣，一下子就消失了，連一點痕跡都沒有。」

「毫無指望了。」亨利說：「我敢說牠落入牠們口中時一定是哀哀尖叫的。他媽的！」

「肥肥向來就是條笨狗。」比爾說。

「但再怎麼笨的狗也不至於笨得跑去自尋死路；」他沈思的眼神仔細察閱剩下的狗，迅速評估牠們各自的特徵：「我打賭別隻不會那樣。」

「就算拿棒子打也沒法把牠們趕離營火。」比爾同意：「總之，我老早覺得肥肥有點不對勁。」

這就是一條死在北地之路上的狗的墓誌銘——並不比其他許許多多狗或人的簡陋。

第二章　母狼

吃完午餐，兩名男子將簡單的野營裝備綑在雪橇上，背對熊熊的營火邁入昏暗。這時四周又響起淒厲的哀號——穿過黑暗與寒冷，彼此一呼一應的哀號。終於，呼應的嗥聲平息下來。天色在九點左右明亮。到了中午時分，南方天空染上暖暖的玫瑰紅，照出介於正午全盛的太陽與北國世界間的地表隆起處。但玫瑰般的艷紅一下子就消褪了，灰茫的天色一直持續到三點鐘。三點過後天色已經太暗淡，北極之夜陰暗的黑幕籠罩在這淒清孤寂的大地。

昏幕降下之後，左右、背後的追蹤嗥叫也漸漸逼近——近得讓那些辛苦跋涉的狗不止一次掀起驚恐的波濤，一次又一次陷入飛掠而過的恐慌中。

在一次這樣的恐慌之後，已經協同亨利將狗綁上挽繩的比爾說：「但願牠們到別處獵食去，離開這裡別來煩我們。」

「牠們的確攪得人心神不寧。」亨利同情地表示。

隨後他倆一語不發，默默紮好了營帳。

亨利彎著腰在熱滾滾的青豆鍋裡添加冰塊，突然一記撲襲聲響、一聲比爾的尖叫，還有一聲來自狗群間的銳利呼號令他陡然心驚。他猛一挺身，看見一道模糊的影子竄過雪地消失在陰暗中。接著他看見比爾半是得意、半是頹喪地站在狗群間，一手抄著支結實的棍棒，另一手握著附帶部分魚身的乾鮭魚尾巴。

「牠咬走了半尾，」他宣稱：「不過我也重重打了牠一記。你有沒有聽到牠的尖叫？」

「牠長什麼樣子？」亨利問。

「看不清楚。不過就像所有的狗一樣，有四隻腳、一張嘴巴，還有一身的毛。」

「想必是隻馴狼吧！」

「不管是什麼東西，總之訓練得他媽的真好，一到餵食時間就曉得來領牠那份魚。」

那一晚，當兩人吃過晚餐，坐在長方形箱子上抽菸時，那一圈隱約飄忽的眼睛甚至比昨晚靠得更接近。

「真希望牠們趕緊碰到一群麋鹿之類的，滾到別處，別再來煩我們。」比爾說。

亨利漫哼了一聲，那腔調裡顯示的並不完全是同感。亨利盯著營火，比爾置身在火光以外、那圈炯炯目光之內的黑暗中，兩人默默坐了將近一刻鐘。

「我真希望我們現在就快進入麥加利。」比爾再度開口。

「停止你的希望，閉上你的烏鴉嘴！」亨利氣洶洶地暴喝：「你胃酸過多，所以才會什麼毛病都有。吞一匙蘇打，你就會快速恢復，做個更受人喜歡的夥伴。」

第二天一早，亨利被比爾嘴裡一大串連珠炮似的激動叫罵聲吵醒。他單肘支起身體，望見他的同伴站在狗群間、重新添過柴火的火堆旁咬牙切齒、揮臂痛罵，臉都氣歪了。

「喂！」亨利大叫：「這會兒又是怎麼啦？」

「佛洛格不見啦！」比爾回答。

「不會吧?!」

「是真的。」

亨利跳出被窩衝向狗群，仔細清點數目之後，也和比爾齊聲詛咒已經奪走他們第二條狗的荒野勢力。

「佛洛格是這群狗裡最強壯的。」罵過之後，比爾說。

「而且不笨。」亨利也附和。

而這，就是兩天之內的第二段墓誌銘。

陰陰鬱鬱地吃過早餐後，兩人將剩下的四條狗套上雪橇，重複進行昨日的翻版。他倆悶不吭聲地跋涉過那片冰天凍地的世界，除了如影附形般纏在背後那些看不見的追蹤不時發出幾聲嗥叫，大地是一片死寂。隨著下午夜色的降臨，淒厲的嗥叫照例伴著追蹤者的逼攏而靠得更近。狗群驚駭浮躁，在恐慌中彼此的挽繩糾結凌亂成一團，使得兩名男子情緒更頹喪。

「嘿，我這可牢牢地綁住你們這些蠢貨啦！」當晚做完份內工作時，比爾挺直腰桿滿意地說。

亨利扔下手中的烹調過來瞧：他這夥伴不但將狗綁起來，還學印第安人的辦法用棍棒捆縛。他在每條狗的頸子上緊緊繫著一條皮帶，緊得那些狗即使把整顆腦袋扭過來也咬不到；再用一根四、五呎長的結實棍棒綁在皮帶上，而木棒的尾端則用另一條皮帶牢繫著地上的木樁。頸子上那條皮帶，讓狗沒辦法咬到自己這頭的棍棒，而棍棒則使牠咬不到繫在另一頭的皮帶。

亨利嘉許地點點頭。

「只有這辦法才綁得住單耳。」他說：「牠的牙齒比刀還利，要不了一半時間就能把一條皮帶咬成兩段。明天早上，牠們一隻隻全會安然留下。」

「打賭會的。」比爾斷定：「只要明天少了一隻，就讓我沒有咖啡喝。」

「牠們很清楚咱們沒子彈可射擊。」就寢時，亨利指著環伺在附近隱約發出寒芒的傢伙說：「要是能朝牠們射上幾發，那些東西就會有所顧忌得多。牠們一晚湊得比一晚近。避開火光注意看——瞧！看到那頭了嗎？」

兩名男子藉著觀察那些在火光邊緣移動的模糊身影排遣了好一段時光。只要兩眼定定盯住在黑暗中放光的某對眼睛仔細瞧，慢慢就會分辨出那牲畜的形象。有時候，他倆甚至可以看出牠們身影的移動。

狗群間的某個聲響吸引了兩名男子的注意——單耳正急促而渴切地哀哀鳴咽，同時扯著棍棒直想往黑地裡衝，其間還不時停下來，企圖用牠的利牙對棍棒展開狠狠的攻擊。

「比爾，你瞧。」亨利悄聲說。

在火光照耀之中，一隻像狗一樣的東西悄悄側步溜近。牠的行動摻雜著猜疑與大膽，雖然全神戒備地觀察兩名男子的動靜，注意力卻盯緊了狗群。單耳使足全力拽著棍棒，切切哀鳴著衝向那個闖入者。

「那隻笨單耳似乎不怎麼害怕。」比爾低聲說。

「那是條母狼；」亨利也壓低了嗓門：「難怪肥肥和佛洛格會自投羅網。牠是狼群的誘餌，騙出了狗，其餘的狼就一湧而上連骨帶肉啃個精光。」

營火嗶剝作響。在一聲喀啦巨響中，一段木頭斷落在地。那外來的動物聽到響聲，立即一躍撲回黑暗中。

「亨利，我在想——」比爾說。

「想什麼？」

「我在想牠正是我用棒子打到的那一隻。」

「毫無疑問。」亨利回應。

「針對這一點，」比爾接著表示：「我覺得那畜牲對營火熟悉得超乎尋常，令人不可思議。」

「比起一般謹守分寸的狼，牠的確懂得太多了。」亨利附和：「曉得在餵食時間隨狗群混進來的狼一定是從經驗中學來的。」

「老韋蘭曾經有條狗跟狼群跑了；」比爾尋思：「我早該知道的。當初我在小史提克那頭的一處麋鹿場裡從狼群中射中了牠，老韋哭得像個娃娃兒似的。他說牠已經不見三年了；那三年牠一直跟狼群在一起。」

「我想你說對啦，比爾。那隻狼是條狗，不知從人的手中吃過多少次魚了。」

「要是讓我逮著機會，那條是狼的狗就得變成口中肉。」比爾宣稱：「我們再經不起失去一隻牲口啦！」

「可是你只有三發子彈。」亨利提出異議。

「我會等到牢靠時候再給牠致命一擊。」

翌日清晨，亨利在同伴的鼾聲伴奏中重新燃旺營火，同時烹煮早餐。

「你睡得可真甜，」亨利喊他出來吃飯時對他說：「我都不忍心叫醒你了。」

比爾開始睡眼惺忪地準備開動。他注意到自己的杯子空空的，於是伸手要拿水壺。但水壺擱在亨利身邊，他根本搆不到。

「喂，亨利，」他輕叱：「你是不是忘了什麼？」

亨利煞有介事地四下張望一番，然後搖搖頭。比爾揚起空杯。

「你沒咖啡喝。」亨利說。

「該不是喝光了吧？」比爾焦急詢問。

「不。」

「那是怕傷我腸胃嘍？」

「不。」

比爾登時面紅耳赤、怒氣沖沖：「那麼我倒等不及要聽聽你做何解釋。」

「飛毛腿不見啦！」亨利回答。

這回比爾彷彿認了命似的，慢調斯理地扭過頭清點起狗的數目來。

「怎麼會這樣？」他淡漠地問。

亨利聳聳肩，「天曉得！除非是讓單耳給咬鬆了繩棍。牠自己絕對辦不到——那是一定的。」

「該死的混帳，」比爾壓抑著滿腔的怒火，一字一字凝重地說：「就因爲不能咬鬆自己的繩棒，牠倒乾脆替飛毛腿鬆了綁。」

「算啦，總之飛毛腿的苦難已經結束；依我看這會兒牠早該被消化，在二十隻不同的狼肚子裡隨牠們在荒地裡跳躍了吧！」這是亨利給牠——最新失去的一條狗——的墓誌銘。「喝點咖啡，比爾。」

比爾卻搖頭。

「喝吧！」亨利舉起水壺央求。

比爾把杯子推到一旁，「我要喝了，就是說話不算數的渾球。我說過只要再丟一條狗，我就不沾咖啡；我說話算話。」

「這可是又香又濃的好咖啡呢！」亨利引誘著他說。

但比爾拗得很，硬是一路嘀嘀咕咕咒罵單耳搗的亂，吃下沒有飲料的一餐。

這天他們走了百來多碼路，領隊在前的亨利突然彎下腰撿起一樣他雪鞋碰到的東西。當時天色昏暗，他看不清那是什麼，卻一摸就知道答案了。他將那東西往後一甩，它蹦蹦跳跳地沿著雪橇彈到比爾的雪鞋下。

「也許你會用得著。」亨利說。

比爾大叫一聲。那是飛毛腿唯一留下的遺物——昨晚用來綁牠的棍棒。

「牠們把牠吃得連根骨頭都不剩了。」比爾說：「這棍子光滑滑的，像口笛一樣，就連兩頭皮帶也沒放過。亨利，牠們真的是餓昏頭啦！這趟路還沒走完，你我都會被吞進牠們肚裡去。」

亨利滿不在乎地放聲而笑，「我從沒像這樣被狼群追蹤過，但比這更惡劣得多的情況我也不是不曾遇上，結果還不是好端端地過了關。說真的，比爾，再多一群這種討厭的畜牲也傷不了你的，孩子。」

「我不知道……我不知道……」比爾心中不祥地嘀咕著。

「算啦，等我們進了麥加利，你自然會清楚。」

「我不怎麼提得起勁。」

「你臉色不好；這就是問題所在。」亨利武斷地表示：「你需要的是奎寧。等一進麥加利，我就要你好好服藥，把身體養壯起來。」

比爾咕咕嚕嚕不同意他的診斷，不久即陷入沈默。這一天就像所有日子一樣。天色在九點明亮。十二點時，南方的地平線因沒有露面的太陽而顯現暖意；接著午後冷冷的灰幕漸漸籠罩，過了三點，就將化爲夜色吞沒大地。

就在太陽再也無力散發它的微熱後，比爾抽出綁在雪橇繩下的來福槍，說：「亨利，你繼續走；我去探個究竟。」

「你最好緊跟著雪橇，」亨利提出異議：「你只有三發子彈，天曉得會發生什麼事？」

「這會兒又是誰在烏鴉嘴了？」比爾趾高氣揚地詰問。

亨利一語不發，獨自緩緩地拖著步伐前進，只是途中頻頻焦慮地回顧已然不見同伴蹤影的灰冷荒地。一個小時後，比爾抄捷徑來到雪橇必至之地。

「牠們四散分布，環繞範圍很廣，」他說：「一面跟住我們，一面找尋獵物。喏，牠們根本把我們當成囊中物，只是知道還必須伺機而動，在這段等待的時間裡，凡是就近可得的食物牠們都不會放過。」

「你是說牠們認爲我們逃不過牠們的嘴巴？」亨利頗不以爲然。

比爾不理會他的駁斥，「我看過其中幾條。牠們瘦得只剩皮包骨；除了肥肥、佛洛格、飛毛腿之外，恐怕有好幾個禮拜沒吃到東西了；而且數目又是那麼多，肯定沒搶到幾口。牠們實在非常非常地瘦，個個肋骨都像洗衣板，瘦得前胸貼後背。牠們還會再發飆的。留神點兒吧！」

幾分鐘後，換到雪橇後押隊的亨利低低嘬出一聲警告的口哨。比爾回頭望望，悄悄制止狗兒往前走。在他們後方，剛剛走過的轉彎處附近，可以清清楚楚看到一隻毛茸茸的東西偷偷摸摸地快步前進。

牠的鼻子嗅著地面的痕跡，以一種獨特、滑行般毫不費力的輕快腳步向前奔跑。他們一停下來，牠也跟著停下腳步，仰起頭鎮定地瞅著他們，鼻孔歙張，仔細吸嗅、研判他們留下的氣味。

「是那匹母狼。」比爾應聲。

拉雪橇的狗都已趴在雪地上，比爾行經牠們身邊走到後頭和他的夥伴會合，兩人定睛望著那隻已經追蹤他們數日、摧毀他們半支狗隊的奇怪牲畜。

在仔細搜索一番後，那畜生往前奔跑幾步；這樣反覆進行幾次之後，牠和他們之間僅僅距離短短的百來碼。然後牠貼近一叢針樅樹林停下腳步，昂起頭，靠牠的視力和嗅覺來研判那兩名正打量著牠的男子。牠像狗一樣，帶著一股奇異的渴切神情注視著他倆；但在牠的渴切之中，卻不帶絲毫狗兒的愛戀。那是一股由飢餓蘊育而來的渴切，恰似牠的獠牙一般狠毒，如冰霜一般冷酷。

牠的體型要比狼的大，枯瘦的骨架顯示牠是同類之中最大的一匹。

「站起來時，肩頭足足接近兩呎半高，」亨利評斷著：「我敢打賭牠的身長一定有五呎左右。」

「以狼而言，顏色怪了些？」比爾也說道：「我從沒看過有紅色的狼；感覺像是肉桂色的。」

那牲畜當然不是肉桂色。牠的毛皮確實是狼毛的色澤，以灰色為主色，只是略帶一點淡紅——是那種變化不定、時隱時現的色彩，感覺上更像是一種視覺的幻影，一忽兒是灰——明明確確的灰——一忽兒又透露出一股隱隱約約、一般人形容不上來的紅。

「看來看去還是像條碩壯的雪橇狗。」比爾說：「就算看到牠大搖尾巴，我也不會感到意外。」

「喂，大塊頭！」他高喊：「過來！不管你叫什麼，來！」

「一點也不怕你哩！」亨利大笑。

比爾大吼大叫，揮手威脅牠，可是那動物卻沒有半點畏懼之色。他們唯一可以從牠身上看到的變化，便是對方多提高了一份警覺。牠依舊用飢餓無情的渴切眼神盯著他倆。他們是肉，而牠餓了；只要牠有那膽子，就會過來把他們吃掉。

「聽著，亨利，」比爾心中打著算盤，不禁壓低嗓門悄聲說：「我們有三發子彈，但這一擊必中無疑。不能錯失良機。牠已經奪走我們三條狗，我們應當阻止。你說呢？」

亨利點頭默許。比爾小心翼翼從雪橇取下來福槍，正要頂上肩窩，那母狼卻在轉眼之間竄開，跳到針樅樹林間消失不見了。

兩名男子面面相覷。亨利若有所悟地吹出長哨。

「我早該知道，」比爾重新扛起長槍，大聲自責：「會曉得在餵食時間混在狗群裡進來的狼，自然對槍枝火器瞭若指掌。亨利，告訴你，那隻畜生就是我們的禍根。要不是牠，我們現在就有六條狗，而不是只有三條了。亨利，現在我告訴你，我要放倒牠。牠太機靈了，公開射殺牠是射不中的。但我會採用伏襲。不襲擊成功，我就不叫比爾。」

「你要偷襲可別跑太遠，」亨利勸告：「萬一狼群開始對你展開撲擊，三發子彈也才不過換回三聲慘叫而已。那些畜生全餓瘋了，一旦開始行動，一定會要你命的，比爾。」

那一晚他們早早紮了營。三條狗拖雪橇比不上六條狗那麼快，也走不了那麼遠，一條條全是副精疲力盡的模樣。兩名男子也很早就寢。比爾先把三條狗隔開綁好，讓牠們彼此互相咬不到。

然而那群餓狼卻是愈來愈大膽，兩名男子好幾次在睡夢中被吵醒。狼群逼得那麼近，三條狗全嚇得魂飛魄散、鬧成一團，而他們也不得不三番兩次重新添加柴火，防範那些冒險的掠奪者闖入安全距離內。

「我曾聽水手們談起鯊魚追蹤船隻的事，」有一次，比爾添完燃料爬回被窩裡時說：「喏，這些狼正是陸上的鯊魚。牠們比我們更精擅追蹤之道；如此窮追不捨絕對不是爲了鍛鍊身體。牠們是要我們的命。亨利，牠們一定會要了我們的命。」

「聽聽你的口氣，牠們的確已經要走你半條命啦！」亨利厲聲駁斥：「一個男人口稱他快被打敗，那他絕對輸了一大半。瞧你這德性，你已經被吞掉一半啦！」

「比你我優秀的人牠們都曾順利撲殺過了。」

「噢，閉上你的烏鴉嘴吧，我快被你煩死啦。」

亨利生氣地翻身朝外而睡，但是比爾竟然沒跟著氣呼呼地翻到另一頭，著實令他大感意外。這不是比爾的作風；因爲他一向是人家兇上兩句就會火冒三丈的。入睡以前，亨利反反覆覆思索了很久；在他闔上眼皮、睡意朦朧之際，腦海中浮起的念頭是：「毫無疑問，比爾心情鬱悶極了。明天我得好好替他打打氣。」

第三章　飢餓的呼號

這一天有個吉利的開始。夜裏他們一條狗也沒丟，兩人懷著愉快的心情帶領狗隊投入寂靜、昏暗、寒冷的路程。比爾似乎忘了昨晚不詳的預感，甚至中午他們的雪橇在一段難走的路上翻覆時，他還笑笑鬧鬧地在狗身上亂塗。

當時情形真是亂透了。雪橇四腳朝天，卡在一株樹幹和一塊大岩石間，他們不得不解開狗的繫繩，以便理開那一團糾結混亂。兩名男子正彎腰想要翻正雪橇，亨利卻瞧見單耳突然溜開了。

「喂，站住，單耳！」他吆喝一聲，挺身扭頭望著那條狗。

然而單耳仍舊拖著挽韁，飛步衝過雪地。在他們剛剛跋涉過的雪地上，那隻母狼正等待著牠。單耳接近母狼，突然變得小心翼翼。牠放慢速度、抬高腳步，碎步向前挪近幾步之後停在原地，謹慎、猜疑，卻又滿懷渴望地打量著對方。那母狼露出牠的牙齒，不像在威脅，反而像在討好，彷彿是對牠微笑一樣。牠嬉鬧式地朝牠邁進幾步，然後暫停不動。單耳豎著耳朵和尾巴，昂著頭，依舊審慎而警覺地朝著母狼走。

單耳想和母狼互嗅鼻息，但對方卻賣弄風情似地嬌羞退卻。每當牠踏進一步，對方便往後退一步，一步步引誘牠遠離兩名男子保護能力所及的範圍。一度，聰明的單耳腦中似乎隱約閃過警告的意念，於是扭頭望向背後翻覆的雪橇、拉車的狗伴，以及兩名大聲呼喚著牠的男子。

然而不管牠腦中想的是什麼，全給那隻母狼驅散了，牠趨身上前，一閃而過地和牠互嗅一下鼻息，然後在牠重新邁步靠近時，又立刻嬌羞退卻了。

在這同時，比爾也想起他的來福槍。只是它被夾在翻覆的雪橇下，等亨利幫他把雪橇翻過來時，單耳和那母狼已經靠得太近，和他們之間又相距太遠，開槍也未必能射得準了。

單耳發現自己犯錯已經太遲了。兩名男子還沒看清究竟怎麼一回事，就瞧見單耳轉身向他們跑來。接著他們看見十幾匹瘦削的灰狼衝出雪地，從直角方向截住單耳的退路。這一瞬間，母狼的嬌羞和玩鬧之色全部不見了。牠咆哮一聲，衝著單耳飛撲而來。單耳用肩將牠頂開。雖然退路已被截斷，牠仍一心一意想要回到雪橇邊，於是轉個彎試圖繞過狼群逃回來。加入追逐的野狼數目愈來愈多，母狼只差一步就可以撲上牠，正停在原地蓄勢待發。

「你要去哪裡？」突然，亨利握著比爾手臂問。

比爾甩掉他的手。「我受不了啦，」他說：「只要我力所能及，牠們休想再奪走我們一條狗。」

持搶在手，比爾衝入路旁的矮樹叢中。他的企圖昭然若揭。單耳正以雪橇爲圓心繞著圈子逃竄，比爾打算搶在追逐者之前從圈子的某一點爲牠打開一條生路。他手中有槍，在朗朗白晝，說不定可以嚇退狼群，挽救那條狗的命。

「喂，比爾！」亨利在背後大叫：「千萬小心！別冒險啊！」

亨利坐在雪橇上觀望；他沒有別的事可做了。比爾已經離開視線，然而在矮樹叢與散布的小針樅樹林間，卻不時可以望見單耳忽隱忽現的身影。亨利判斷牠是沒有生望了。那狗雖然充分感受到自己的危機，但牠跑的是外圍，而狼群卻是跑在較近的內圈，因此牠再怎麼也不可能突破追捕者的圍堵回到雪橇邊。

相異的路線很快便會銜接在一處。亨利知道在樹木、灌木連成的樹障外，狼群、單耳、比爾馬上就會在雪地上相遇。一切都太快了。遠在他的預期之外，事情一下子就發生。他先聽到一聲槍響，緊接著又立刻聽到第二、第三聲，他知道比爾的子彈用完了。

隨後傳來的是驚人的咆哮和哀號。他辨認出單耳驚悸痛苦的嗥叫，同時又聽到了一聲狼號；顯然那匹狼負傷了。一切到此結束。咆哮之聲停止，哀號之聲也漸漸消逝，荒涼的大地再度被寂靜所籠罩。

亨利在雪橇上呆坐大半天。他用不著過去看看究竟出了什麼事；一切恍如發生在他的眼前。其間，他曾一度猛然站起，抽出綁在雪橇上的斧頭。然而更多的時候，他只是坐在那兒哀思冥想，僅剩的兩條狗兒也趴在他的腳跟邊發抖。

終於，他像只洩了氣的皮球般疲憊地站起身來，將兩條狗套上雪橇，自己肩頭拉條繩子當挽韁，和狗一同拖著雪橇向前走。他並沒有前進太遠。天色一暗，他趕緊匆匆紮營，張羅大量的柴火。他餵好狗，煮了食物吃下晚餐，緊靠著營火舖好他的床。

可是他沒有躺在床上安睡的命。兩眼還沒闔上，狼群已經進犯到安全距離內。他用不著極目眺望便能輕易看到牠們。這些狼就在他和營火的四周，或躺、或坐，或者腹部貼地往前趴，或者前前後後來回晃盪，圍成一個狹小的圓圈。牠們甚至睡著了。此刻已經無法入眠的他隨處可以看見牠們之中的某一隻，像狗一樣蹺著身體睡在雪地上。

他始終維持熊熊燃燒的火勢。因爲他知道，只有營火是他的血肉之軀和牠們貪婪獠牙之間唯一的屏障。僅剩的兩條狗一邊一隻緊守著他，偎在他身邊尋求保護。牠們嗚咽、哀號，每當某隻惡狼稍微逼近些便拚命高聲狂吠。而只要他的狗一高聲狂吠，那一整個圓圈便會激盪擾嚷。狼群站起身來，試探性地向前壓迫幾步，於是一陣陣狂吠和急切的嗥叫立刻此起彼落。然後整個圈子再度平靜下來，四處又可看見某一匹狼重拾牠被打斷的小憩。

但這圈子始終不斷朝他縮攏。一會兒這匹狼匍匐前進，一會兒那匹狼向前爬動。一點一滴，一次一小步，最後圓圈小到那些畜生幾乎都可以一躍撲到他身上。這時他便從火堆中抓把燃燒中的木頭擲進狼群裡。通常他一出手，狼群就會疾速向後撤退。同時當他瞄準某隻過份放肆的畜生投出火把，那被擊中、燒傷的野畜也會一陣驚叫怒吼。

到了早晨，缺乏睡眠的亨利已是疲憊憔悴、眼神呆滯。他在昏暗的天色中煮好早餐。到了九點，天色漸亮，狼群往後退開，他立即動手進行昨晚漫長黑夜裡心中策劃的工作。他砍下幾株小樹苗，綁在高高的大樹幹上做成台架的橫木，再利用雪橇繩充作拉索，在兩條狗的幫助下，將棺木拉到台架上安置。

「牠們吃了比爾，說不定也會吃了我，但牠們永遠也別想把你吃掉，年輕人。」亨利對樹上墳塚裡的屍體說。

然後他再度出發跋涉，重量減輕許多的雪橇拖在心甘情願賣命的兩條狗身後飛快地向前衝；因爲牠們也知道自己的安全維繫於快快趕到麥加利。現在狼群更加公開追逐著他們，從從容容跟在身後左右包抄，垂著鮮紅的舌頭，每跑一步，瘦削的兩脇便清楚地看到肋骨的起伏。這些狼奇瘦無比，全身沒有幾兩肉，只剩下皮包骨，亨利真奇怪牠們怎麼還能站得住、跑得動，沒有一頭栽倒雪地上。

他不敢趕路到天暗。正午時分，陽光不僅照暖了南方地平線，天空甚至還散放著太陽上緣淡淡的金光。亨利視它爲某種訊息——白天將愈來愈長；太陽就要回歸。然而陽光剛一消褪，他就趕緊紮好營帳。微明的天色和淡淡的餘光還會持續幾小時，這段時間他用來砍伐大量的柴薪。

恐怖的黑夜來臨了，不但飢餓的狼群愈來愈囂張，睡眠不足也使亨利深受影響。他肩頭裹著毛毯，兩腿中間夾著斧頭，一邊緊緊偎著一條狗，蹲在營火邊忍不住猛打瞌睡。其間他一度醒來，看到眼前距離不到十幾呎的地方有匹大灰狼，是狼群之中最大的一隻。即使是在他對著牠瞧時，那隻畜生照樣像條懶洋洋的狗似的悠哉悠哉伸懶腰、打呵欠，用一副佔有者眼神冷冷瞅著他，彷彿他其實不過是暫時擱置，很快就會被吞進肚裡的一餐罷了。

整群野狼無不清清楚楚流露這種姿態。他算了算，安穩睡在雪地上或貪婪地盯著他的牲畜足足有二十幾隻。這些狼讓他想起圍在已經擺好食物的餐桌邊，只等著一聲：「開動！」的孩童。而他，就是牠們要吃的食物，只是不知道這一餐會在什麼時候，以什麼方式開始。

當他把木頭往營火裡追加時，突然發現一股對自己身體從未有過的欣賞。他看著自己運動中的肌肉，對於手指靈活的操作深感著迷。在火光的照耀下，他一遍遍緩慢地彎曲自己的手指，有時一根一根、有時五指一起快速伸展、緊握。他仔細研究指甲結構，時而猛力、時而柔和地戳戳指尖，估計因神經意識而產生的疼痛會維持多久。這工作迷住了他；他忽然喜歡起自己那運作得如此美妙、順暢、精巧的微妙血肉。然後，他畏懼地一瞥垂涎欲滴地包圍著他的狼群，一時間，腦中恍如雷擊。他猛然醒悟這奇妙的軀體，這活生生的血肉，充其量也不過是那些貪婪動物需索的一餐，就快被牠們飢餓的獠牙攻擊、撕裂，像他常用以裹腹的兔子、麋鹿一樣，成爲填補牠們肚子的餐點。

他從近似夢魘的瞌睡中醒來，看到那隻透著紅色的母狼就在眼前。牠距離他還不到六、七呎，坐在雪地裡貪婪地瞅著他。兩條狗縮在他腳邊嗚咽、高吠，牠卻對牠們視而不見。牠定定望著他，他也對望了好一會兒。牠的眼神沒有惘嚇之色，只是帶著強烈的渴望，而他知道那股渴望出於同樣強烈的飢餓。他是食物；一看到他，就會刺激牠的口腹之慾。牠張大嘴巴、口水直流，滿懷喜悅之情等待著。

亨利渾身泛起一陣驚慄，急急忙忙想要抓根木頭朝牠扔。然而就在他的手剛碰到木頭、手指還沒握住這項利器前，母狼已經衝回安全的地帶。於是他知道，這匹母狼早已有過多次被人拋砸的經驗。牠一面飛撲走避，一面高聲怒哮，白色的獠牙直露到牙齦，眼中的渴盼已然完全消失，取而代之的是股令他不寒而慄、恨不得一口吞掉他的惡毒。他瞄瞄握著木頭的手，注意到緊抓著它的手指是多麼巧妙靈活。它們靈巧地適應整個不均勻的表面，環扣粗糙木頭的上、下和周圍，其中一隻小指頭太靠近燃燒的部分，立刻敏感而反射性地從燙手之處縮到較涼的地方；而在這同一瞬間他彷彿看到一幅幻象——這些敏感而靈巧的手指被那母狼的白牙咬碎、扯斷。在他一生之中，從未像此刻肉體岌岌不保時那樣喜愛這副軀殼過。

整個晚上，他不斷憑藉燃燒的木頭去擊退飢餓的狼群。每當他不由自主地打起盹，兩條狗的哀鳴狂吠便會將他吵醒。早晨終於來臨，但這卻是白天的光明首次無法驅散牠們。亨利枯候惡狼離開，可是牠們始終環伺在他與營火四周不走，一隻隻流露出將他視如囊中物的神態，使得他好不容易隨著早晨光明產生的勇氣又完全動搖。

他曾一度企圖冒險開拔。然而才剛離開營火的保護，那匹最大膽的狼馬上一躍而上，還好並沒有被牠撲中。亨利連忙衝回營火旁邊以求自保。剛剛那次攻擊只差六吋就要咬中大腿了。這時其他所有的狼也都起身湧向他，只有四面八方扔擲燒紅的木頭才能勉強將牠們逐回安全的距離。

即使是在大白天，他也不敢離開營火去砍些新木柴了。二十呎外，就有一大株枯死的樅樹。他花了半天的工夫將營火延伸到樹旁，手中還得隨時抓把燃燒的柴薪好應付他的對手。一到枯樅樹下，他立即仔細端詳周遭的林木，以便將那棵樹向柴薪最多的方向劈倒。

這一夜是昨夜的翻版，唯一不同的是對於睡眠的需求已經遠遠超乎他所能控制，兩條狗的狂吠也失去提振精神的效力。更何況牠們整晚吠個不停，他那昏鈍麻痺的知覺再也分辨不出音調抑揚，以及緊張程度的變化。半夜裡，他驀然驚醒，那匹母狼距離他已經不到一碼短短的距離，他機械式地將一塊帶火的木頭隨手一送，穩穩準準地推進牠正張開咆哮的嘴巴裡。牠痛得哀哀怪叫，奔竄而去。亨利聞到母狼頭部、肌肉、皮毛燒焦的味道大為高興，看著牠猛甩頭、怒吼著退到二十幾呎外。

不過這一次，他趁自己再次昏昏打盹前先在右手綁上一節著火的松木塊，兩眼才剛闔上幾分鐘，就被燒到肌肉的火燙醒。幾個鐘頭裡，他不斷運用這一套程序。每次被燙醒，他就扔些柴火逼退狼群，重新往火堆裡添加木料，然後再在自己手上綁節松木塊。原本一切順順利利的，但有一次他竟然沒將木塊綁牢，眼睛才剛剛閉上，木塊就從手中掉下。

他做了個夢，彷彿人在麥加利堡中，正在和他的代理人打紙牌。又彷彿麥加利堡被狼群團團圍住了。牠們在每道柵欄外連聲咆哮，他和代理人幾度暫停玩牌聆聽，取笑那些畜生白費力氣、不得其門而入。這時，好奇怪的夢呵——夢中一陣撞擊，門被衝開了。他看見狼群像洪水般湧進堡中的大客廳，朝他和代理人直撲而來。隨著那門被衝開，牠們的咆哮聲也大到驚人。當此之際，震天的咆哮擾亂了他的心神。他的夢被別的東西吞噬了——他不知那是什麼；但總之，那持續不斷的咆哮始終跟隨著他。

這時他清醒過來，發現那咆哮聲音原來是真的。四周是震耳欲聾的狂吠與吼叫。狼群圍在四周欺身而上、朝他飛撲。其中一隻狼咬住他的手臂。他本能地往營火堆裡跳。在這同時，他感覺腿上的肌肉又被尖利的牙齒撕咬，隨即展開一場火的戰鬥。堅實的手套暫時護住他的雙手，他胡亂抓起一把把紅透的煤炭四面八方拋擲，最後那營火堆簡直成了座火山。

但這情勢維持不了多久。他的臉被營火熱氣燙得起泡，眉毛、睫毛都被燒焦了，兩隻腳也受不了那熱度，一手抓著一支燃燒的木頭衝到營火的邊緣。狼群已被逼退，凡是木炭落下的地方，積雪就會嗤嗤響。每隔一小陣子就有一匹狼連哼帶叫地滿地亂跳，顯示有塊火紅的木塊被牠踩個正著。

亨利把手中的木頭朝逼臨最近的敵人甩去，將戴著冒煙手套的雙手插進雪地裡，兩腳直跺以便降低炙人的高溫。身邊的兩條狗都不見了；他知道牠們一定是繼肥肥、佛洛格……等等之後成了餓狼的腹中餐。而未來幾天之內，恐怕他本身就要成爲最後一道大菜啦！

「你們還沒得手呢？」他吼叫著，衝著大群飢餓的畜生瘋狂地揮舞拳頭；狼群聽到吼聲又開始騷動，各自扯起嗓門高聲嗥叫，母狼更一口氣溜到他近旁，帶著飢渴貪婪的眼神盯著他。

他開始動手進行剛剛想到的新構想，將營火拓展成一個大圓圈、蹲在圈子裡，底下鋪著睡舖以防融雪沁人。當他因此藏身在火焰的遮蔽內，整個狼群都好奇地跑到火圈邊緣探看他究竟怎麼了。

在這之前牠們一直不肯接近火，現在卻一隻隻像狗一樣靠近火圈，在生疏的溫暖中眨眼睛、打呵欠，伸展瘦削的身體。然後那匹母狼蹲坐下來，鼻尖對著一顆星星昂頭長嗥。其餘的狼一匹接一匹爭相呼應，最後整個狼群都坐在雪地，鼻尖朝天，發出飢餓的呼號。

曙色乍現，白天接著來臨。柴薪已經耗盡，火焰燒得很低，勢必要再弄些木頭來才行。亨利企圖跨出火圈，狼群卻立刻一湧而上。現在燃燒的木頭只能讓牠們跳到一旁躲避，再也無法嚇退牠們。他拚命想要驅退狼群，可惜白費力氣。正當他放棄努力、跌跌撞撞回到火圈裡，牠驚駭地鬼哭神號，慌忙爬回雪地讓冰雪涼鎮牠的腳。

亨利縮著身體坐在毛毯上，上身前傾、頭埋膝間，肩膀鬆垮垮下垂，顯然已經完全放棄掙扎。他不時抬頭看看將熄的火焰。炭火圍成的圈圈已經裂成一段段，中間出現不少空隙。這些空隙愈來愈大，反而是一段段的火光愈來愈短、愈弱了。

「我想你們應該可以隨時進來吃我了？」他喃喃地說：「反正，我要睡覺啦！」

昏睡中他一度醒來，在圓圈的某段缺口，他看見那匹母狼筆直地坐在他面前注視著他。不久，他再次醒來；只是在他感覺中，已經彷彿是好幾個鐘頭。在那短短的時間內，一個神奇的變化發生了——神奇得令他霍然清醒。某件大事發生了；最初他不明白是什麼，但不一會兒便發現答案。狼群離開了。雪地上踐踏的痕跡，是牠們曾經多麼逼近他唯一餘留的證據。睡意上湧、再次攫住了他，他的頭垂到膝蓋上，突然間猛地驚醒。

耳中傳來人的叫喊聲、雪橇劇烈震動聲、挽具吱軋拉扯聲，還有使勁拉車的狗兒們熱切的低吠聲。狗隊拉著四部雪橇，從河床邊朝樹林裡的營帳走來。大約六名男子包圍著縮在將熄之火中央的亨利，又推又搖地把他弄醒。

亨利像個醉漢似地瞅著他們，帶著濃濃睏意語焉不清地唸出一串莫名其妙的言語：「紅色的母狼……在餵食的時候，混在狗堆裡進來……一開始，牠吃了狗的食物……後來又吃了狗……以後又吃掉比爾……」

「阿弗烈德少爺人呢？」一名男子粗魯地搖晃他，對著他耳朵大吼。

亨利緩緩搖著頭：「不，牠沒吃掉他……他睡在前一個紮營地的一株大樹上。」

「死了？」那男子大叫。

「嗯，躺在一具棺材裡。」亨利暴躁地猛一扭肩，掙脫質問之人的揪扯：「喂，放開我……我實在累死了……晚安，各位。」

他眼皮下沈、緊緊閉上，下巴垂到胸口。就在他們把他安置到毛毯上安歇時，冰冷的空氣中還響起他如雷的鼾聲。

然而空氣中不止有他的鼾聲。在遙遠遙遠的地方，還有飢餓狼群的呼號微弱地從遠方傳來。牠們錯失了這名男子，正在追蹤其他獵物來取代。

第二部

第一章　獠牙戰役

最先聽到人類呼喊以及雪橇狗低吠的是那匹母狼；最先從那困在將滅火圈內的男子身邊奔躍而去的也是那匹母狼。狼群不願放棄眼看就要到手的肥肉，等逗留幾分鐘確定聽到人狗喧聲後，才追著母狼的足跡跑。

領先跑在整群狼群之前的是大灰狼——狼群中的數名領袖之一。是牠指揮狼群跟著母狼的足跡跑。每當其中幾匹野心勃勃的小狼妄想超前時，牠便高聲咆哮作為警告，或者動用利牙教訓牠。而在望見母狼的身影之後，原本漫跑在雪地上的大灰狼立即加緊腳步追上去。

母狼配合狼群的速度，漫不以為意地跑在牠身旁，彷彿那是牠的指定位置一樣。若是牠偶然縱身一躍跑在大灰狼之前，對方也不會對牠咆哮或齜牙威脅。相反的，那灰狼會親切地跟隨過去——親切得惹牠生氣。因為牠是故意跑去接近母狼。而一旦跑得太靠近時，就換母狼對牠咆哮、齜牙了，甚至偶爾在牠肩頭狠狠咬一口。這個時候大灰狼也不生牠氣，只是跳到一旁尷尬地騰躍幾步、忸忸怩怩跑在最前頭，舉止動作活像靦腆的鄉下多情郎。

這是牠在管理狼群上的一大麻煩，但母狼的麻煩還不止一個呢！跑在牠另一側的是匹骨瘦如柴的老狼，毛色灰暗，身上帶著多場戰役留下的疤痕。牠總是跑在母狼的右側，也許那是因爲牠只有一隻眼睛——左眼。

牠也像大灰狼一樣喜歡擠在母狼的身邊，喜歡故意捱近牠，直到自己傷痕累累的口鼻碰觸牠的身體、肩膀或脖子。正如對付左側的同伴一樣，母狼對牠的慇懃舉動也是報以一咬；但若是遇到兩匹公狼同時大獻殷勤、使母狼受到粗魯的衝撞時，牠就只好迅速地一邊猛咬一口，把兩名情郎統統驅逐開，同時還得保持和狼群一塊兒向前奔躍，並且張望前進的方向。

在這情形下，跑在牠兩邊那兩匹公狼便會猛掀獠牙，互相隔空咆哮威脅，甚至很可能就要打起來。但面對有如燃眉之急的狼群裏腹問題，即使是求愛和競爭也只有留待日後再解決了。

每次遭受愛慕對象擯退、倉遽避開對方利齒後，老狼總會用肩去頂撞跑在牠右側那匹三歲的小狼。這匹小狼的體型已經完全長成，和整群虛弱、挨餓的狼相比，他的體力、精神顯然比絕大多數成員都旺盛。儘管如此，狼群奔跑，牠的頭也只能與獨眼長輩的肩平行。假使牠膽敢與老狼齊肩並進（這種情況相當少），對方一定馬上怒哮一聲、痛咬一口，把牠趕回自己的位置。但有時這匹小狼也會別有居心地慢慢落在後頭，再悄悄鑽進母狼與老領袖之間。這行動激起雙重，甚至三重的激憤。一旦母狼不悅地揚聲咆哮，老狼便會旋身對付牠。

有時母狼也會與老狼同時回撲，偶爾甚至連跑在左翼的大灰狼也共同加入教訓的行列。

遇到像這樣慘遭三口無情利牙的夾擊時，小狼便立刻猝然煞住腳步，前腳僵直、長毛直豎，威嚇地咧開大口蹲坐在地。隊伍前方的混亂場面往往使得整個移動中的狼群跟著起騷動，牠們碰撞小狼、狠狠咬牠的後腿和腰側來出氣。因爲缺乏食物必然使得牠們情緒暴躁，所以小狼的舉動無異自己搬磚砸腳。然而年輕的小狼有著無比的信心，雖然除了狼狽、挫敗，什麼也沒得到，牠卻維持每隔一小陣子就重施故技一次。

食物、戀愛、戰鬥早該如飛一般快速發展過，群隊組織也早就應該瓦解了。但狼群的情況太淒慘。持久的飢餓使得牠們隻隻骨瘦如柴，奔跑速度也拖得很緩慢。走在後頭的非弱即跛，不是極老就是極年幼。一馬當先的是最強壯的幾匹，卻也全像髑髏而不像肥碩的野狼。然而除了那些跛了腳的以外，這群野獸的行動依然不疲憊、不費力。強健的肌肉似乎是牠們不絕活力的泉源，每一次鋼鐵般的收縮之後都會接著下一次、一次、一次、又一次，永遠無休止。

那個白天牠們跑了好幾哩的路，入夜之後依然徹夜奔跑。第二天狼群仍舊沒停步。牠們正翻越某片封凍死寂的地表。這片天地裡沒有生命的騷動，死氣沈沈的遼闊天地唯有這狼群走過。牠們是僅有的生存者，正努力尋覓其他生物以便吃掉牠們圖生存。

牠們越過好幾座低矮分水嶺，涉過十幾條低地裡的小溪，這才得以如願以償，遇到一群麋鹿。一開始牠們最先找到的是頭大雄麋。這裡有肉、有生物，而且沒有神秘的火和四處亂竄的火焰在守衛。牠們認得牠那扁平的蹄和杈椏的角，立刻拋開平日的耐性和謹慎攻上去。那是一場短暫的激戰。大雄麋四面受敵，拚命用牠的大腳蹄猛踹敵人的頭蓋骨，用牠的大角去衝撞、撕裂牠們，在翻滾掙扎中將牠們踩在雪地下。只可惜牠在劫難逃，母狼兇殘地撕扯牠的喉嚨，其他的野狼也死死咬住全身各處，在牠還沒完全停止最後掙扎、沒有傷中致命要害前，就被這群惡狼生吞入腹了。

這是一頓豐盛的大餐。大雄麋重達八百餘磅，狼群的四十餘隻成員每隻都可吃到足足二十磅。但既然牠們能不可思議地長久斷食，食量驚人也就不足為奇。沒多久工夫，幾個小時之前還與牠們正面相抗的龐然大物，已經化為幾根零散的骨頭了。

現在大隊狼群經常休息、睡覺。幾匹小公狼塡飽了肚子開始爭吵、打架，接下來幾天就吵吵打打直至狼群解散為止。飢荒已經結束，此刻牠們身在獵物豐盛的地區，雖然依然成群地捕獵，行動卻更加小心謹慎，總在和小麋鹿群交錯奔過時截下懷孕的母麋或喪失戰鬥能力的老公麋。

終於有一天，整個狼群在這食物富饒的地方一分為二，各自奔向不同的方向。那匹母狼左側有大灰狼領袖、右側是獨眼長輩，領著牠們的半隊狼群來到加拿大西北部的麥肯錫河，跨越水鄉澤國向東而去。隊伍的陣容一天縮小過一天。野狼一公一母、雙雙對對相繼離群，偶爾會有某匹公狼被情敵的利牙毫不容情地逐退。

最後狼群只剩四名成員——母狼、大灰狼領袖、獨眼狼，以及野心勃勃的三歲公狼。

如今母狼的脾氣變得十分暴躁，三名追求者身上全都留下牠的齒痕。但這三匹公狼卻從不以牙還牙，也沒有爲了自衛而抵抗。牠們奉送肩膀承受牠最兇狠的殘害，搖著尾巴、踩著碎步以求平息牠的怒氣。不過儘管牠們全都對牠溫順柔和，彼此之間卻是暴戾相向。三歲小狼野心奇大，針對獨眼長輩失去勢力的右半身展開猛烈的攻擊，把牠的左耳撕咬成碎片。灰毛蒼蒼的老狼雖然只能看到左半邊，但牠卻善用多年經驗累積的智慧來與年輕力盛的對手相抗衡。牠那瞎掉的右眼和遍布全身的傷痕，就是豐富經歷的明證。多少大小戰役之後仍能生存的牠用不著猶豫，馬上就能決定應該採取什麼對策來因應。

這場戰鬥開始得很公平，卻有不公平的收場。誰也不曉得原本結局會如何；因爲大灰狼加入了獨眼的一方，老少兩隻領袖聯合攻擊三歲小狼，既而毀滅牠。小狼左右兩側分遭昔日戰友無情獠牙的夾擊。牠們忘記過去共同狩獵的日子、合力摧毀的獵物，以及一起經歷的飢荒。那是往事。眼前的正事是情愛——一樁遠比獵食更嚴酷、更兇殘的大事。

在這同時，那匹母狼——這場戰鬥的導火線——卻心滿意足地坐在一旁觀戰，甚至還頗爲欣然自得。這是牠的大日子——這種日子不常有——牠們長毛直豎、獠牙互咬、撕扯對方柔軟的皮肉；而這一切，全是爲了擁有牠。

在這場愛情戰役中，首次冒險一試的三歲小狼賠了命。牠的屍身兩側各自站立著一個對手，雙雙凝視坐在雪地微笑的母狼。但那老狼很聰明，不管是在戰鬥或戀愛，牠都非常有智慧。晚輩領袖扭頭舔著肩頭的傷口，頸部的弧線正好曝露向對方。

獨眼老狼一看機不可失，立即伏低身子箭步衝來，獠牙一挫，緊緊咬住，扯出一道又深又長的傷口，並且撕裂對方喉前大動脈，然後縱身一躍跑得遠遠的。

灰狼領袖一聲聲淒厲駭人的咆哮，不過，沒有多久就轉變成微弱的輕咳。重傷的牠流著血，一面咳嗽，一面拖著將盡的生命撲過去和老狼作戰。牠的腿愈來愈虛弱，白天的光線照得牠眼花，攻擊和撲躍也愈來愈疲軟。

母狼始終微笑著坐在一旁。這場戰役隱隱約約挑動牠的歡喜：因爲這就是荒野之中的求愛，自然界中的性別悲劇只屬於死者。對於生存下來的一方那不叫悲劇，而是歡愛的實現與獲得。

等到大灰狼躺在地上動也不動了，獨眼老狼開始昂著頭、輕手輕腳走向那母狼。牠的舉止行動混雜著謹慎與得意，顯然以爲一定會遭受對方的擯斥。因此見到母狼竟然沒有氣呼呼地齜牙咧嘴威嚇牠，老狼顯然很驚訝。這是母狼第一次和和氣氣對待牠，不但和牠互相嗅鼻息，甚至紆尊降貴、像狗一樣繞著牠猛搖尾巴活蹦亂跳、陪牠遊玩。而年紀老大、機智幹練的牠竟也表現得像條小狗似的，甚至有點呆里呆氣哪。

吃了敗仗的情敵、雪地上鮮血寫成的愛情故事都被拋到九霄雲外；只除了獨眼老狼曾經暫停遊戲，舔舔鮮血凝固的傷口，然後半歪扭著嘴發出一聲咆哮，四隻腳掌牢牢抓著雪地穩固立足點，半蹲身子預備騰空撲躍，頸部、肩膀的長毛都不由自主地豎立起來。

但不一會兒，當牠飛撲著追隨故作嬌態，引誘牠在林間追逐的母狼離去時，這一切又全都被牠遺忘了。

之後牠倆就像知心密友般，總是肩並著肩伴著對方一齊奔跑。日子一天天過去，牠們始終在一起，共同追捕、撲殺獵物裹腹。一段時間之後，母狼漸漸變得不安起來，好像在尋找某個牠找尋不到的東西似的。倒楊樹木的空洞彷彿對牠深具吸引力，此外，牠還花許多時間在岩石之間較大的積雪裂縫，以及高聳堤岸的洞穴中嗅來嗅去。

老獨眼對於這些一概興趣缺缺，卻也好聲好氣地陪著牠四處去尋找。若是牠在某些地方耽擱特別久，老狼便乾脆躺下來耐心等到牠想動身再走。

牠們並沒有滯留在同一個地點，而是一路橫越那地區直到重返麥肯錫河畔。到了那兒牠們放慢速度，又常離開河流沿著小溪支流去追捕獵物，不過最後總會再回河畔來。有時牠們也會遇到別的狼，通常都是成雙成對的；只是彼此都沒有友善或交往的表示，也沒有見面的欣喜，更沒有恢復成群結隊的渴望。還有幾次牠們遇見形單影隻的野狼，這些孤獨野狼必定是公的，一隻隻老黏著獨眼和牠的伴侶窮追不捨，惹得獨眼一肚子氣。這時母狼就會肩並肩和老狼站在一起，豎起長毛、齜牙咧嘴，讓那些滿懷熱望的孤獨之狼掃興而退，掉轉頭繼續踏上牠們孤孤單單的旅程。

一個月光明亮的晚上，獨眼在寧靜的森林裡跑著跑著，突然煞住了腳步，仰起頭，尾巴僵直，鼻孔一張一張地嗅著空氣中的氣息，像狗一樣抬起一隻腳來。這樣牠還不滿意，繼續嗅著、嗅著，試圖了解空氣之中傳遞的訊息。

母狼漫不經心地一嗅就找到自己所要的答案，為了讓獨眼安心，牠繼續輕輕快快邁步向前跑。獨眼雖然跟隨上來，卻依然抱存懷疑的態度，忍不住偶爾暫停腳步以期更謹慎地研判那一絲警訊。

到了林子的中央，母狼小心翼翼匍匐潛行到一塊大空地的邊緣獨立了一會兒。不久獨眼也提高全身的警覺，無限猜疑地悄悄溜過來和牠並肩站在一起，仔細張望、聆聽，和吸嗅。耳中傳來狗群的爭吵、扭打，男人粗嘎的吆喝，女人的尖聲叫罵，還有某個小孩一聲清晰尖銳的哭號。除了幾座皮革小屋龐大的輪廓外，牠們又能望見營火的火光、穿梭其間的身影，以及寧靜的空氣中冉冉上飄的輕煙，不過鼻中卻能聞到各式各樣印第安營地的氣味。那些氣味背後蘊涵一則獨眼所不理解的故事，而母狼卻熟悉其中的每一點、每一滴。

母狼情緒起了莫名的騷動，帶著逐漸強烈的興奮心情不斷嗅著風中飄來的氣味。然而老獨眼卻是滿腹疑慮，舉止間流露出畏懼的心態，躊躇不決地舉步想離開。母狼扭頭用牠的口鼻輕撫獨眼頸部，寬慰牠的不安，然後再回頭定定注視著營火。牠的臉上浮現一股從未有過的渴切；但卻不是出自飢餓的渴切。牠心中有股渴望在催促牠走上前；催促牠靠近那營火、和狗群吵吵架；去閃躲、避開那些男子踉蹌的腳步；這股渴望令牠興奮得全身起戰慄。

獨眼在牠身旁焦躁地走來走去。母狼的不安再次湧上心頭，牠又感到找尋自己所要搜尋那東西的迫切需求，轉身跑回樹林裡。獨眼如釋重負，從略帶曝露危險的林邊追隨母狼跑到林木深深處。

月光下，牠們像兩道魅影般無聲無息地跑到一條動物出沒的小徑，雙雙低頭去嗅雪地上的足印。這些足印才剛剛留下。獨眼小心翼翼地跑在前頭，母狼緊緊跟著牠。雪地之上處處留下牠們寬大的腳掌印，放眼望去猶如天鵝絨。獨眼在一片雪白之中看到一個白影隱隱約約在移動。原本牠輕靈的步伐已經快得令人眼花撩亂。和現在的速度一比卻是小巫見大巫，而牠所發現那個模模糊糊的小白點正蹦蹦跳跳地在前方奔竄。

牠們沿著一條兩旁夾著小樅樹的狹窄小徑追逐，穿過樹林，可以在一方月光盈盈的林間空地看到小徑的開口。獨眼迅速追趕倉皇逃命的小白點，幾次跳躍之下立刻追上了，只要再拔身一跳，牠的牙齒就能深深陷入那小東西的肌肉裡。但那一跳永遠不會發生。在牠頭頂正上方，剛剛飛身騰躍的小白點掛在高高的半空掙扎。那個白點原來是隻雪鞋兔②，掛在半空怪模樣地胡扭亂跳，再也無法回到地面來。

獨眼心中驀然一驚，噴個鼻息撲回雪地，坐在地上對著那陌生可怕的東西發出威脅的咆哮。可是母狼卻冷冷靜靜地從牠身邊擠上前來，停頓一下，然後縱身直取扭動掙扎的兔子。固然牠也跳得很高，卻不到那隻小獵物的高度，牙齒一咬，硬是撲了個空。牠縱身再跳、又一跳。

獨眼慢慢地站起來看著牠，對於牠的一再失敗，顯得非常不悅，索性自己竭盡全力往上撲去。牠的牙齒咬住了兔子，扯著獵物往下拉。然而在這同時身邊卻響起一聲可疑的脆響，獨眼驚詫萬分地看見頭頂上有株小樅樹的枝條正彎下來快要打中牠。

獨眼趕緊放棄到口的獵物，撲回地面躲避這陌生的危險。牠咧著嘴，露出尖銳的獠牙，口中高聲咆哮著，全身上下每一根毛都驚怒交集地豎起來。這時細長的枝條高高彈回原處，小白兔再次掛在空中掙扎扭舞。

母狼氣極了，銳利的長牙深深咬進伴侶的肩膀責備牠。驚慌中的獨眼不知牠爲何攻擊自己，駭異之餘也展開猛烈反擊咬破母狼的側頰。母狼同樣沒有料到牠會爲這譴責而動怒，氣呼呼地咆哮著朝牠飛撲過去。

②雪鞋兔：產於北美北部，腳大而毛厚，其毛皮冬天為白色，夏天為棕色。

獨眼發現自己的錯誤，想要安撫對方，母狼卻仍不斷對牠全身上下施以處罰；獨眼用盡各種方法嘗試和解，兜著圈、別開頭，用牠的肩膀去承受母狼的嚴懲。

在這同時，白兔子一直在半空中掙扎扭動。母狼坐下來；老獨眼對伴侶的畏懼勝過那神秘的小樹苗，再次飛撲而上攫取牠們的獵物。牠一面咬著兔子，一面盯著那小樹。像上次一樣，小樹隨著牠垂向地面。牠聳著長毛、在眼看就要來臨的痛擊下伏低身子，不過口中依然緊緊咬著那野兔。結果預期中的一擊並沒有揮下，小樹仍舊彎垂在牠的上方。牠一動，樹枝也跟著動，於是牠便咬著牙對它沈聲怒吼；等牠不動了，小樹也跟著靜止下來，因此牠認定還是安安靜靜別亂動比較安全。只是野兔溫熱的鮮血含在口中，那滋味真鮮美。

從這騎虎難下的僵局中解救牠脫困的是母狼。牠叼走了獨眼口中的兔子，儘管小樹威脅地在頭頂上搖搖晃晃，母狼還是從從容容咬斷兔子的頭。小樹「咻！」地一聲彈回空中，然後停在造物者要它生長的合適位置，什麼麻煩也沒有。就這樣，母狼和獨眼開始狼吞虎嚥地吃掉那神奇小樹爲牠們捕獲的獵物。

樹林裡有不少動物出沒的小徑懸空掛著野兔子，這對狼夫妻全都光臨探取了。牠們由母狼帶領，老獨眼跟在後頭仔細觀察，學習從陷阱之中劫走獵物的方法——這套知識對牠將來大有裨益。

第二章　狼窩

母狼和獨眼在印第安人營帳附近流連了兩天。獨眼憂心忡忡、恐懼徬徨，然而牠的伴侶深受那營地誘惑，根本不願離去。可是有天早上，附近一把來福槍的子彈「嗤！」地劃破空氣，子彈在距離獨眼腦袋不到幾吋的地方擊中一棵樹幹。牠們不再遲疑，馬上連奔好幾哩，很快遠離那險地。

幾天旅程中，牠們並沒有走太遠，母狼尋找牠近來所找尋之物的需要日益迫切。如今牠已大腹便便，雖然能跑，卻跑得很慢。有一次，在追捕一隻平常有如探囊取物的兔子時，牠竟不得不半途而廢，停下來休息。

獨眼過來陪伴母狼；可是當牠用牠的鼻子輕輕撫弄母狼的頸部時，母狼竟迅雷不及掩耳地惡狠狠朝牠咬去。獨眼爲了逃避牠的利牙，仰頭摔個四腳朝天，留下一副可笑的樣子。如今母狼的脾氣比以前更加暴躁了；而獨眼卻愈來愈能忍氣吞聲，愈是關切牠。

終於牠發現牠要尋找的東西了；位置是在一條小溪上游幾哩的地方。夏季裡，這條小溪的溪水匯入麥肯錫河，但此時它卻連同溪面與岩石溪床徹底封凍，成為一條由源頭到溪口完全雪白凝固的死溪。獨眼一馬當先，母狼疲憊跟在後頭，不期而然見到一堵高聳的土堤。牠轉個身跑到土堤前。經過春季裡的陣陣暴風雨以及溶雪侵襲磨蝕，土堤的下方已經被沖刷掉許多，在某處狹窄的裂縫外形成一個小小的洞穴。

牠在洞口站立了一會兒，仔仔細細檢查整堵土牆，然後沿著牆角跑到它從地面急遽隆起處。接著牠回到洞穴，鑽進狹隘的洞口。那個洞口不到三呎高，母狼不得不伏著身子爬進去。入內之後四壁寬闊、拉高不少，形成一座直徑約有六呎的小圓室，洞頂只比母狼的頭高了一點點，裡面溫暖又乾爽。

牠極小心地細細檢查洞內每個角落，已經返身折回找牠的獨眼也站在入口處耐心觀望著。牠低下頭，鼻尖朝地一路嗅到自己併攏的腳邊，在這個點上繞了幾圈；然後疲倦地重重歎口氣，蹺著身體、放鬆四肢，頭朝洞口躺下來。

獨眼饒有興趣地豎起尖尖的雙耳對牠笑；藉著白日天光，母狼依稀看見伴侶溫溫順順搖動著尾巴。母狼縮縮耳根，耳尖朝後伏貼著頭，張開嘴，平靜地垂下舌頭，表達牠的滿意和喜悅。

獨眼餓了。雖然牠躺在洞口睡覺，睡眠卻是斷斷續續。洞外四月春陽光燦燦地照耀著雪地，獨眼不斷從睡夢中醒來，豎著耳朵聆聽來自那明亮世界的聲響。在牠打盹的時候，耳裡總會不知何處鑽進潺潺細流的嗚咽，於是牠便醒來專注地傾聽。太陽回來啦，整片甦醒的北國世界都在召喚他。生命擾嚷不息。空氣中有著春天的氣味，雪地下有著萬物滋長的感覺。樹林間彷彿見到樹汁往下流，芽苞衝破冰霜的桎梏而綻放。

牠心焦地瞄瞄牠的伴侶，但母狼似乎一點也不想起來。牠望向洞外，五、六隻雪鵐自牠的視野中翺翔而過。牠撐起前腳想要站起來，可是回頭看看伴侶，卻又躺回原處，打起瞌睡來。耳中隱約聽到一陣細微尖銳的嗚聲。牠昏昏鈍鈍地用自己的腳掌抹抹鼻頭；一次、兩次，然後清醒過來，只見一隻蚊子在牠鼻尖上方嗡嗡飛繞。那是一隻成蚊；整個冬季，牠冰封在一段乾燥的木頭裡，如今才被太陽融化釋放出來。獨眼再也禁不住天地的呼喚。更何況，牠委實餓了。

牠爬到母狼身邊想要說服牠起來，但母狼只是對著牠咆哮。於是獨眼獨自走出洞外，在陽光下踩著柔軟的雪地相當不好走。牠來到冰雪封洞的溪床；在這兒，由於有樹林遮擋春陽，河面依舊堅硬晶瑩。八個鐘頭後牠在暮色中往回走，肚子卻比出來時更餓。牠不是不曾看到獵物，只是沒有捕捉牠。在雪鞋兔仍像從前一般輕盈地在逐漸溶化的雪面飛掠時，牠卻走得跌跌滾滾、煞是辛苦。

到了洞口，獨眼陡然一陣驚疑、裹足不前。洞裡傳出陣陣微弱、陌生的聲音，雖然不是由牠伴侶口中所發出，卻又彷彷彿彿有份熟悉感。獨眼腹部貼地，小心翼翼往裡爬，迎接牠的是母狼一聲警告的嗥叫。獨眼心平氣和地接受牠的警告，乖乖留在原地。但牠對其他那些聲音還是很好奇——那些微弱、含糊、咿唔不清的輕啼。

母狼暴暴躁躁地警告牠走開，於是牠便蹺起身體睡在洞穴口。天亮了，狼窩之內照進朦朦朧朧的曙光，牠又開始探尋那些聲音的來源。這一次，母狼的咆哮聲中除了警告又多了一種新含義——是嫉妒；獨眼只好謹慎萬分地停留在一段固定距離外。不過牠還是在母狼的前後腿間辨認出五團奇怪的小生物；牠們偎在母狼身上，非常脆弱，非常無助；閉著眼睛，咿唔唔發出細小的聲音。獨眼感到驚奇。不但不是第一次，而且是已經經歷好幾次，但每一次仍舊感到同樣的新鮮與驚訝。

母狼惶惶不安地瞅著牠，每隔一小陣子便要發出一聲低低的怒吼。而一旦感覺牠似乎靠得太近時，那低低的吼聲就要變成嚴厲的咆哮了。在母狼本身經驗中不曾遇到這種事；但依牠的直覺——也是所有狼媽媽的經驗——狼爸爸是會吃掉自己幼弱無助的新生兒的。這在牠心中形成一股強烈的恐懼，促使牠竭力防範獨眼走上前來更加詳細地審視自己的小孩。

其實母狼根本用不著擔心。獨眼自己內心也有一股強烈的衝動；那是與生俱來、因襲自所有狼爸爸的本能。牠既不質疑，也不爲此困惑；背對自己新生的兒女、得遠遠地到自己居處附近找些食物，本來就是最自然不過的事。

小溪在距離狼窩五、六哩外岔開來，兩條支流呈直角方向分別奔赴山嶺間。獨眼循著左側支流看到一個剛剛留下的足痕；牠聞了聞，那氣味還很新鮮，於是迅速蹲下身子，張望足跡消失的方向，然後深思熟慮地掉轉頭選擇右側支流走。左邊那個腳印遠比自己的更大，牠知道若是朝著那個方向走，想要找到肉吃是不太可能的。

沿著右側支流走上半哩路左右，獨眼敏銳的耳朵聽到一個啃齧聲。牠偷偷摸摸跑過去一看，原來是隻貼著樹直立的豪豬正啃著樹皮在磨牙。獨眼不抱希望地小心往前靠。雖然牠從未在這麼遙遠的北方遇見過豪豬，漫長的一生中也沒有吃過豪豬肉，但牠了解那東西。不過長久以來牠也曉得世上有種東西叫做機緣或湊巧，所以仍舊繼續朝前走。誰也不知道接下去的結果會如何；因爲就發生在生物之間的事而言，往往每次結局都是不同的。

樹上的豪豬把自己捲成一團球，向四面八方散放尖銳的長針以便抵禦敵人的攻擊。獨眼年輕時曾經因爲過份接近一團類似於牠、動也不動的剛毛球東嗅西嗅，突然之間，牠的臉就被那團球的尾巴彈中了。當時牠的頰邊扎著一支剛毛落荒而逃，火辣辣的痛了好幾個星期才消。因此現在牠乾脆舒舒服服趴在地上，鼻尖起碼距離豪豬一呎遠，避免被那條尾巴掃中。

獨眼就這樣安安靜靜地守著，誰也不曉得下一步會如何。說不定會發生什麼事，也說不定豪豬會將身體舒展開來。到那時候牠或許就能逮著機會，身手矯捷地飛撲上去，一腳踩住豪豬毫無防備的腹部。

但半個鐘頭過後牠卻站起身來，對那一動不動的圓球怒吼幾聲跑開了。過去牠曾三番兩次白白等候豪豬舒展身體，如今不能再浪費時間啦！牠繼續沿著右側支流朝前走。時間一分一秒流過，牠什麼也沒捕著。

體內復甦的父性本能強烈逼策牠；牠一定要找到食物才行。到了下午，獨眼無意中發現一隻松雞。當時牠剛走出一片樹叢，就和那隻笨鳥碰個正著。松雞棲息在一段木頭上，距離牠鼻端還不到一呎遠，彼此都看見了對方。松雞驚飛而起，卻被牠一掌拍去、打落在地。松雞急得滿地亂跑，想要飛回空中。獨眼低頭銜住獵物，咬在口中。當牠的牙齒戳進獵物柔嫩的肌肉和脆弱的骨頭時，自然而然就想動口吃了牠。這時牠想起窩中的幼兒，於是轉回頭，叼著松雞準備回家。

一如往常，獨眼滑翔似的身影掠過雪地，留下天鵝絨般的足痕，腦中小心翼翼地企盼著每個新獸跡的出現。在距離溪流分岔處一哩外的地方，牠又看到清早所發現的那枚大腳印留下新痕跡。獨眼循著足印向前走，隨時準備在任何一個溪流轉彎處與那腳印的主人相遇。

在某個溪流彎度特別急的地方，獨眼從一塊岩石的角落探頭往外望。牠那銳利的雙眼瞭見足印的主人——一隻體型龐大的母山貓——趕緊伏低了身子。那山貓也像獨眼早上一樣，安安靜靜蹲坐在那團緊縮的剛毛球前。若說方才獨眼有若滑翔中的影子，那麼現在牠便如同鬼魅一般，繞著圈子、悄悄掩身爬到靜靜不動的豪豬與山貓下風處。

牠趴在一株矮針樅後的雪地上，把松雞擱在身旁，穿透細細的針葉凝視眼前搬演的生存劇——等待中的山貓和豪豬都一心一意求生存；這也正是獵食的奇妙處；其中一方的生存之道在於吃掉對方，而另一方的生存之道則繫於不被對方所吃。老獨眼在這場獵食遊戲中也扮演了一角，趴在隱蔽處等待某個不期而然的變化。那變化也許能夠幫助牠獵得食物——而這便是牠的生存路。

半個小時過去了；又過半個小時；一切依舊。那團剛毛球簡直成了石頭，而山貓說不定凍成大理石了，至於老獨眼更活像已經僵死了似的。其實這三隻動物全處在一種幾近痛苦的緊張狀態，在牠們恍如化石的外表下，精神比什麼時候都抖擻。

獨眼稍微動了動，更加熱切地注視前方。情況有變啦！豪豬終於認定敵人已離開，謹慎萬分地緩緩展開牠那無懈可擊的甲冑球。由於沒有引起預料中的騷動，豪豬放心地慢慢、慢慢徹底伸直身子，打開踡縮的剛毛球。躲在樹後的獨眼看著看著，嘴角不由自主地淌下幾滴口水，情緒因這將自己像筵席般自動舖陳在面前的活肉而亢奮。

豪豬還未完全舒展身體便發現了敵人，山貓也在那一瞬間發動迅如閃電的攻擊，鷹鉤般彎曲的利爪飛也似的襲向對方柔軟的腹部，然後快速向後撕扯。倘若不是豪豬的身體還未完全展開；又倘若不是牠在遇襲之前的幾分之一秒間發現了敵人，山貓的腳爪必然已經毫髮無損地縮回；但如今豪豬的尾巴卻在牠往後縮時朝旁一掃，扎進好幾根尖銳的剛毛。

攻擊；反擊；豪豬痛苦的尖叫；大山貓意外受傷的哀號——所有狀況都在一瞬間發生。

獨眼興奮地半站起身來，豎著耳朵，尾巴平伸在後微微地顫搖。山貓怒不可遏，惡狠狠直撲刺傷牠的小東西。然而豪豬也不是省油燈，一面尖叫呻吟，一面虛弱地拖著殘破的身體努力縮成球狀防禦體，再度甩出尾巴，使得山貓再一次在受傷之餘震驚哀號。那山貓猛打噴嚏、節節後退，整個鼻子就像個碩大的針插般扎滿了剛毛。牠用腳爪擦擦鼻頭，想將那些熱辣辣螫得人發疼的刺弄掉，又把鼻子擠進雪裡，或在枝頭來回磨擦。在極端的痛苦驚駭中，不斷上上下下、前後左右地亂跳。

牠一直不停打著噴嚏，肥肥短短的尾巴也竭力飛快地猛烈揮動。後來牠停止這些瘋狂的舉動，安靜了好一會兒。獨眼冷眼旁觀，見牠突然毫無預警地一躍而起，跳個半天高，同時發出一聲恐怖至極的長號，就連獨眼也不由自主地心頭一凜、毛骨悚然。緊接著山貓沿著小徑飛撲而去，每跳一步，便哀號一聲。

獨眼等候山貓的慘叫完全消失在遠方，這才放大膽子走出叢林。牠躡手躡腳，彷彿整個雪面都覆滿了豪豬的剛毛，根根直豎，隨時準備刺穿牠柔嫩的腳趾般。豪豬眼見牠逼進，趕緊猛一咬牙，發出尖厲的長叫，同時設法將身體捲成一團球。可惜牠的身體幾乎已被扯成兩半，全身肌肉嚴重受傷，鮮血直流，再也無力捲得那麼紮實了。

獨眼鏟起幾口帶血的雪咀嚼、品味著，然後吞下去，這就像是一份佐料，使牠更加餓得慌；然而老於世故的牠，卻不至於因此而疏忽了謹慎。牠耐心等待著；任由豪豬咬牙切齒發出嗚咽、咕嚕，間或一、兩聲細細的尖叫，牠還是臥在一旁靜心等。不久之後，獨眼發現豪豬的剛毛漸漸垂下來，全身激起一陣強烈的戰慄。突然間，戰慄停止，長長的牙齒發出最後一聲清晰的碰撞。然後身上的剛毛全部萎垂了，身體鬆弛，動也不再動。

獨眼緊張、畏縮地用腳爪勾直豪豬的身體，接著又將牠翻轉過去。沒有動靜。這東西的的確確死掉了。牠全神貫注地盯著屍體端詳一番，然後小心翼翼地用牙齒叼住，歪著頭，半拖半銜地帶著牠順溪畔而下，深怕碰著了牠那一身的刺。這時牠想起扔在樹叢後面的松雞，於是撇下豪豬跑回原地，張開口毫不猶豫地把牠吃了，再走回頭叼起豪豬的屍體。

等牠拖著一日狩獵的成果回到洞穴中，母狼詳細檢查一番後，回頭輕輕舔著牠頸子。然而才不過一眨眼工夫，牠又咆哮一聲警告獨眼離開幼兒，只不過這聲咆哮不再那麼嚴厲了，像是道歉而不像在恫嚇。

牠對幼兒之父本能的疑懼正在瓦解。獨眼表現了狼爸爸該有的行爲，一點也沒有流露出想把自己帶來世上那些小生命吃掉的邪念。

第三章　小灰狼

牠和牠的兄弟姊妹不一樣。牠們的毛色已經出現遺傳自母親——母狼——那種紅紅的色澤；只有牠與眾不同，承襲了父親的毛色。牠是這窩幼獸之中唯一的小灰狼。牠擁有狼族純正的血統——事實上，在生理上，牠完全繼承了獨眼的一切：唯有一項例外，那便是——牠有兩隻眼睛，而牠父親只有一隻。

小灰狼的眼睛才剛張開沒多久，卻已經能夠看得清清楚楚了。在兩隻眼睛還沒睜開那段時間內，牠就會嘗、會嗅、會感覺，對於兩個兄弟和兩個姊妹很熟悉。牠已經開始幼弱而笨拙地和牠們嬉戲玩鬧。就連在吵吵鬧鬧的時候，一發起脾氣，小小的喉嚨也會震動出一種奇怪刺耳的聲音（**那是咆哮的前身**）。早在眼睛還沒睜開前，牠就學會藉著觸覺、味覺、嗅覺認識母狼——一個溫暖、慈愛、流體食物的泉源。母親有著一條柔和、撫愛的舌頭，當它拂過牠那柔嫩的小身軀時，帶給牠安撫與寬慰，讓牠緊緊偎著母狼，打著呵欠酣然入睡。

就這樣，小灰狼生命中的第一個月多半在睡眠中度過；但現在牠能夠看得很清楚了，清醒的時候也更久，對於周遭的世界漸漸了解得很深。小狼的世界是昏昏暗暗的，但牠並不曉得；因為牠從不認識別的世界。這片天地光線朦朧；不過牠的眼睛根本用不著去適應別種光線。牠的世界非常小，狼窩的四壁就是牠的界限；只是牠對洞外寬廣的天地既然一無所知，也就不會因為生存空間侷促而覺得受壓迫。

不過牠早已發現自己的世界中，有面牆和其他三面不一樣——那便是光源所在的洞口。遠在牠還未擁有自己的思想、意志前，就已發覺它和別的牆壁不一樣。即使早先還沒張眼望見它，那個地方也已對牠產生難以抗拒的吸引力。來自洞口的光線敲在牠閉合的眼瞼，如同火花般細弱的閃光以及溫暖而莫名的喜悅，也令牠的雙眼與視神經微微的悸動。牠的身體與每根纖維的活力、實際構成牠軀體的生命力，就像促使植物向陽的奇妙化學性質一樣，始終渴望趨向這光。

一開始，在自己的意識還未啟蒙發芽前，小灰狼總是朝著洞口爬，而牠的兄弟姊妹也一樣。在那個階段中，五隻小狼從來沒有一隻會爬往洞後黑暗的角落。牠們就像植物一樣接受陽光的牽引；構成牠們的生命力中含帶的化學性質索求著光明，將它視為生命中必備的要素。牠們傀儡般的小身軀就像藤蔓的捲鬚，盲目地遵循化學反應而爬行。經過一段時日，五隻小狼各自發展出個性，有了個別衝動、慾望的意志，那光線的吸引力就更趨強烈了。牠們老是爬呀爬呀朝著亮處去，又老是被牠們的母親趕回來。

於是小灰狼了解母親除了溫柔、安慰、舔拭之外還有另一種屬性。在牠固執地非要爬到亮處時，母狼就會用牠的鼻子猛力推擠小狼以示叱責，再飛快地一腳爪拍來，打得小狼滿地滾。因此小灰狼認識了傷害；最重要的是牠學會了如何避免受傷害——首先，不要冒招來傷害之險；其次，萬一已經冒了險，就要儘快閃避和撤退。這些都是有意識的舉動，是牠對這世界初步概括認識所得的結果。在此之前，正如無意識地朝著亮光爬一樣，牠會本能地避開傷害。從此之後，牠卻是因為知道那是傷害而刻意躲閃。

牠是一匹兇猛的幼狼，四個兄弟姊妹也不例外。這原本就是意料中的事。牠是一隻肉食性動物，源自獵殺、吃肉的血族。牠的父母全靠肉類而生存。所以從牠剛一出生時，吸吮的乳汁就是直接由肉類轉化而來；而今正當滿月、眼睛張開一週左右的小灰狼，已經開始自己吃肉了——由於母狼的乳汁早已不敷五隻成長中的幼兒所需，因此先將獸肉嚼成半爛餵給小狼吃。

但牠不只是匹兇猛的小狼，還是兄弟姊妹之間最兇惡的一匹。牠那刺耳的咆哮要比牠們都嘹亮，小小的怒火也比牠們更嚇人。整窩幼狼中最先學會俐落的腳掌把別的兄弟打得四腳朝天、滿地亂滾的是牠；最先咬著別的幼狼耳朵又拖又扯、還從緊咬的牙縫中沈聲怒吼的也是牠。而費盡母狼最大工夫才沒跑出洞口的，自然也是牠。

小灰狼對光線一天比一天更著迷。牠無時無刻不冒險朝著洞口衝，又無時無刻不在才衝出一碼左右就被趕回來，只是牠並不曉得那是個出口。對於出口這東西——由一個地方通往另一個地方的通道——牠一無所知。這隻小傢伙根本不曉得還有另外的地方，通往別處的路徑當然更甭提。因此對牠而言，那洞穴的出口就是一道牆——一道光牆。

由於太陽住在窩外，所以在牠心中這道牆就是太陽。就像燭光吸引飛蛾，光牆深深吸引小灰狼，讓牠一心一意想要撲到那地方。體內的活力迅速地膨脹，促使幼狼繼續向光牆挺進。存在於體內的活力知道那是一條出路；一條牠註定要走的路，但牠本身卻什麼也不曉得。牠根本不知道洞外還別有天地呢！

這道光牆有個地方很奇怪。牠的父親（**牠已經逐漸認可父親是這個世界的另一個居民，一個像母親一樣睡在靠近光亮的地方，並且帶來肉食的成員**）——牠的父親能夠直接走入那道光牆中，然後消失不見。小灰狼怎麼也想不出個所以然。雖然母親一直禁止孩子們接近那道牆，但牠曾走近其他幾面牆，每次柔軟的鼻尖總是撞在堅硬的障礙物上，非常疼痛的！在這樣嘗試過四、五次之後，牠就再也不去招惹它們了。因此，正如乳汁和半爛的肉食是母親的特色一般，小狼想也不想地便認定消失在牆中是父親的特色。

事實上，小灰狼天生就不是善於思考的——至少不是像人類慣常運用的那種思考。牠的腦筋憑藉朦朦朧朧的方式而運作，所得的結論卻不下於人類思索所得的敏銳與清晰。牠可以不問爲什麼、原因何在而理解許多事；事實上這便是歸納法。牠從來不爲某事爲什麼發生而困擾，只要知道如何發生也就足夠了。是以當牠幾度鼻尖撞牆後，立即認定自己絕對無法消失在牆中。同理，牠認定父親能夠在牆內消失。不過牠可一點也不想花工夫去找出牠們父子之所以相異的道理。牠的智力構造中，完全沒有邏輯推理與自然科學這兩項。

正如絕大多數荒野中的動物，小灰狼早早就嘗到飢荒的滋味。一度牠們不但不再有肉類食物的供應，就連母親的乳房也不再分泌出乳汁。最初五隻幼狼嗷嗷哀鳴，但多半時候牠們都在睡覺。沒有多久，情況已經惡化到小狼們餓得終日昏沈沈，既不再吵鬧嬉戲，也不再發發小脾氣或試著咆哮幾聲，更不再朝著那道光牆闖。小狼們睡著了；體內的生命之火搖搖曳曳，然後漸漸地熄滅。

獨眼急瘋了，整日跑得又廣又遠，難得回到如今變得淒淒慘慘、了無生氣的狼窩之中小睡一會兒。母狼也拋下幼狼，離開洞穴出來找食物。

在小狼們剛出生不久那段日子裡，獨眼曾經幾度跑回印第安人營區那邊打劫落入陷阱的野兔；但如今積雪漸漸溶化，溪水開始解凍，印第安人早已拔營離去，牠的野兔來源也就跟著斷絕啦！

等到小灰狼生命復甦，再次對入口的光牆產生興趣時，牠發現自己世界中的成員已經減少一大半。同胞之中只剩一隻妹妹，其他全都去世了。等牠身體再強壯一點時，又發現自己不得不孤單地遊玩，因為妹妹再也無法抬頭、無法走動了。現在牠有了肉可吃，小小的身體開始圓胖起來，但是對妹妹而言，這些食物卻已來得太遲。妹妹繼續昏睡著，細小的骨架只裹著一層皮，生命的火光愈燃愈弱，愈燃愈弱，終於完全熄滅了。

後來又經過一段時間，小灰狼再也見不到父親從牆中消失或出現，也沒看見牠睡在通道口。這事發生在第二次情形較不嚴重的飢荒快要結束時。母狼知道獨眼爲何不再回窩來，卻又無法把自己所見的事說給小狼聽。牠曾依循獨眼前一日留下的足跡，沿著山貓居住的左側支流去獵食。在足跡的盡頭，牠看到獨眼——或者該說是獨眼的殘骸。現場留下許多戰鬥的記號，以及山貓得勝回窩的痕跡。離開之前，母狼已經找到山貓窩，不過跡象顯示山貓就在窩裡頭，牠沒有膽子冒險闖進去。

從此母狼獵食時候總是刻意避開左側的支流。因爲牠曉得山貓窟中住著一窩小山貓，而那頭大山貓不但兇狠、暴躁，同時更是極其可怕的戰士。六匹狼追趕一隻聳著毛、呼呼作聲的山貓——好極啦，綽綽有餘。但以一對一就完全不是那麼一回事——尤其是山貓知道背後還有一窩飢餓的小山貓等待索食時。

但荒野畢竟是荒野，母性終究是母性。不管是在荒野中或荒野外，母親永遠強烈保護自己的幼兒。

終有一天，爲了牠的小灰狼，母狼也會大膽找上左支流，找上岩石洞間的山貓窩，挑戰山貓的怒火。

第四章　世界之牆

在母親開始離開洞穴出門捕獵時，小狼已經深深了解禁止接近洞口的律令。這不僅是三番兩次受到母親鼻、爪強制所留的印象，更因爲體內恐懼的本能正滋長。在牠短暫的洞穴生涯中，從未遭遇什麼可怕的事物。然而那種恐懼本是與生俱來，由遙遠的先祖歷經無數代生靈代代承傳。那是牠直接遺傳自獨眼和母狼身上的東西；但相對的，在牠父母之前，那也是經由千年萬代的狼族代代相傳而來。恐懼！——它是所有荒野動物無從遁逃、佳餚美饌無從取代的遺產。

是以小灰狼雖然不知恐懼由什麼元素所組成，卻已認識了恐懼。或許牠是將它視爲生活之中的一項限制；因爲牠已了解生命中有諸多限制存在。牠了解飢餓；當飢餓無法獲得飽足時，牠便感覺受限制。洞穴四壁堅硬的障礙，母親鼻子的猛推、爪子的狠打，幾次飢荒中無法塡飽的飢餓，都使小狼感受這個世界的不自在——感覺生活中處處有著限制與約束。這些限制、約束全都是法則，要想避免傷害、獲得幸福，就得乖乖地遵守。

牠不像人類經由理解而明白這問題，只是將會造成傷害的事物和不會造成傷害的事物分別歸類。然後，避開造成傷害的事物——種種限制與約束——以便享受生命之中的報酬與滿足。於是，爲了遵守母親訂下的規則，遵守那陌生、無名之物——恐懼——立下的法則，小狼遠遠避開洞口。對牠而言，它依舊是堵白色的光牆。母親不在時，小灰狼多半在睡覺，偶爾中途醒過來，也會壓抑蠢蠢欲動的喉嚨發出嗚咽，安安靜靜待在洞穴中。

有一次，小灰狼清醒地躺在洞穴裡，聽到光牆那兒有種奇怪的聲音。牠並不知道那是一隻狼獾站在洞穴外，正爲自己的大膽而全身發抖，並且小心翼翼地伸長了鼻子聞聞洞裡有什麼。小灰狼只曉得那鼻息是種奇怪、未經歸類的東西，因此顯得未知而可怕——因爲未知本身就是構成恐懼的主要元素之一。

小灰狼背上的毛豎起來了；但那是無聲無息豎起的。牠怎會知道該對這東嗅西嗅的傢伙豎起身上的毛呢？那不是出於牠的知識，而是內心恐懼的顯現；這種記錄，在牠一生之中從未經歷過。然而恐懼總是伴著另一項本能——那便是藏匿。

小灰狼陷入極端驚懼中，但牠仍然動也不動、不出一聲、僵硬麻木地躺在洞穴裡，外表看來好像死掉了一樣。這時牠的母親回來了，一聞狼獾的味道，牠便連聲怒吼，然後衝進洞裡無限疼愛地舔著幼兒、對牠噴鼻息。於是小灰狼覺得自己好像躲過一場大傷害。

但是小狼體內還有不少力量在活動，而成長就是其中最大的一種。本能和法則要求牠服從，成長卻要求牠叛逆。母親和恐懼迫使牠遠離光牆。

成長是生命；生命永遠註定追求光亮。在牠體內湧起的生命浪潮——隨著牠所吞下的每一口食物、所呼吸的每一口空氣而增漲的浪潮——沒有堤壩可阻攔。終於有一天，生命衝勁掃除了恐懼與服從，小灰狼搖搖擺擺朝著洞口爬。

和牠所試驗過的其他牆壁不一樣，這面光牆似乎隨著牠的接近而後退。當牠試著朝前推擠時，也沒有堅硬的牆面撞痛牠柔嫩的小鼻子。看來這牆的構造和光同樣可以滲透、容易彎曲，於是牠便走進一向被牠當作牆的地方，沐浴在組成這道牆的物質中。

小狼心中好困惑；因為牠正穿過堅實的東西，而且愈往前爬光愈亮。恐懼催促牠回去，成長卻驅使牠向前。突然間，牠發現自己已經在洞口。原以為還在牆內的牠沒料到那道牆一下子就跳到一大段距離外。光線亮得扎人，照得小灰狼頭昏眼花，此外這猛然向外無限延伸的空間也令牠暈眩。牠的雙眼自助調節，漸漸適應敞亮的光線，焦距也對準了位在遠方的東西。起初那牆跳出牠的視野，如今牠又看見它，只是距離變得好遠好遠。此外它的外觀也變了；變得色彩繽紛，包含溪流兩岸的樹林、高聳於樹林之上的山嶺，以及俯臨山嶺的天空。

小狼心頭湧上無比的恐懼；可怕的未知之物實在太多了。牠趴在洞口邊，凝視洞外的世界。小灰狼害怕極啦！既然那是未知的事物，便是牠的敵人。因此牠的汗毛根根直豎，嘴唇無力地扭曲，試圖發出猙獰可怖的咆哮。基於自己的弱小和驚畏，促使小灰狼向整個遼闊的世界發出挑戰與威脅。

什麼事也沒有。小灰狼繼續凝視觀望，在津津有味之中忘了要咆哮，也忘記了害怕。因爲這時成長披上好奇的外衣，凌駕內心的恐懼。牠開始留心附近的物體——一段波光粼粼的溪流；山腳枯萎的松樹；還有直奔牠而來，一直到牠匍匐之處的洞口才煞住走勢的山坡。

截至目前爲止，小灰狼一直生活在平坦的地面上，從來沒有受過跌倒的傷害，也不曉得什麼叫跌倒。所以牠後腳還踩在洞穴口，前腳便大膽地跨出空中，結果不但跌個倒栽蔥，鼻子還紮紮實實撞上地面，疼得牠哀哀怪叫起來。牠開始一直不停往下滾，心中充滿瘋狂的驚懼。未知終於趕上小灰狼，兇狠地緊緊揪著牠，眼看就要對牠施加可怕的傷害。這時害怕凌駕過恐懼，小灰狼像隻小狗似的吱吱地哀號。

牠不斷吱吱哀叫，不曉得未知會帶給牠什麼驚人的傷害。這和未知只在附近逗留，在害怕中匍匐僵臥不一樣。現在未知已經牢牢抓住牠。安靜無益。更何況此刻令牠不安的已不只是害怕，而是驚駭。

不過山坡愈是往下愈和緩，山腳還覆蓋著碧茵。小灰狼滾到這裡就失去動力而停下，發出最後一聲痛苦的哀號，然後便是一陣長長的嗚咽。接著牠彷彿曾經化過千百次彩妝一樣，自自然然地舔掉沾在身上的乾泥土。

然後大概就像有朝一日首位登陸火星的地球人那樣，牠坐起身來不停地東張西望。小灰狼已經衝破世界之牆的防線，未知也已放開牠，而牠——毫髮無傷。但有朝一日首位登陸火星的地球人將不會像牠這樣不習慣。沒有任何先修的知識，也沒任何警告顯示種種狀況的存在，在這全新世界中，牠是一個探險家。

現在恐怖的未知已經放掉牠。牠再也不記得未知有什麼可怕，只曉得對身邊的萬事萬物充滿了好奇。牠仔細端詳腳下的青草，不遠之處的蔓越橘，還有豎立在樹林之間某塊空地邊緣那棵枯萎的松樹。一隻在樹幹底下奔跑的松鼠突然闖到牠身旁，著實把牠嚇了一大跳。牠畏縮抖瑟，咆哮出聲，但那隻松鼠也同樣嚇壞了。這小東西竄上樹梢頭，遠離危險地帶後才開始吱吱喳喳蠻悍地回罵。

這給小灰狼添了莫大的勇氣，因此接下來遇到的啄木鳥雖然令牠猛吃一驚，小灰狼還是滿懷信心地繼續向前走。就因爲牠太有自信了，所以當一隻加拿大樫鳥莽莽撞撞地往牠身上撲來時，牠便好玩地伸出爪子去逗牠，結果鼻尖卻被對方狠狠啄一下，害得牠縮成一團吱吱叫。那樫鳥被牠的叫聲嚇慌了，趕緊張開翅膀逃命去。

但小灰狼的學習能力非常強。牠那混混沌沌的小腦袋已經不知不覺做出一個歸納。世上有生物，也有無生物。還有，牠必須小心留意那些生物。沒有生命的東西永遠停留在原地，可是具備生命的東西卻會到處移動，誰也不知道牠們會做出什麼事情來。生物想做什麼是無從預料的，因此牠一定要謹慎地提防。

小灰狼一路走得笨手笨腳，東碰西撞。往往牠以為還很遙遠的一條小樹枝不一會兒就打中牠的鼻子，或者拂過牠的肋骨。另外，地表的崎嶇不平，也常教牠不是腳步太大摔著了鼻子，就是踩得太低絆著了腳。其次有些石頭或者鵝卵石，一旦踏上之後還會在牠腳下打轉；於是牠終於明白並非所有無生物都像牠的洞穴那般堅固平穩；此外，體積較小的無生物要比大型無生物容易掉落或翻滾。不過每多遭殃一次，牠就多學會一點常識，走得愈遠，就走得愈穩當。牠正在調適自己；在學習計算自己肌肉的運動，了解自己肉體的限制，估測物體之間，還有物體與牠之間的距離。

小灰狼是個幸運的初出茅廬者。天生是個狩獵高手的牠（只是牠並不知道）首度闖入世界，就在自己的洞口之外糊里糊塗找尋到食物。牠會沒頭沒腦撞著那個極為隱密的松雞窩，純粹是出於機緣湊巧——牠是跌進去的。當時牠正嘗試走在一株倒塌的松樹樹幹上，突然腐朽的樹皮脫落了，小灰狼絕望地哀叫著往下掉，撞破一簇一簇小樹叢的濃葉與枝梗，跌落在樹叢中心的地上，七隻小松雞之間。

那些小松雞吱吱喳喳一直吵，一開始小灰狼真被嚇呆了。後來牠察覺牠們都很小，膽子也就跟著壯起來。這群小松雞動來動去的，小灰狼把爪子放在其中一隻身上，那小傢伙動得更厲害啦！這帶給牠一股喜悅，聞了聞味道，把小東西放進嘴裡。小松雞在牠舌上掙扎、騷動著，同時喚起牠飢餓的感覺。

小灰狼合口一咬，脆弱的松雞骨頭咔嗒有聲地碎裂了，熱血流進牠的嘴裡，味道真是好。這是肉食；和媽媽餵的一樣；只不過這肉咬在牠的兩排牙齒之間時還是活的，因此更覺鮮美。於是牠吃下那隻小松雞，又把整窩松雞吞進肚裡才罷休，然後像媽媽一樣舔舔嘴角才開始爬出小樹叢。

這時牠遇到一陣帶著羽毛的旋風，被牠的衝撞和翅膀憤怒的拍動弄得頭昏眼花，莫名所以，急忙把頭藏在前腿間哀哀地嗥叫。攻擊愈來愈強了；松雞媽媽顯然憤怒到極點。這時小灰狼也發起脾氣來。牠站起身，咆哮著用腳爪發出攻擊，小小的牙齒咬住對方一隻翅膀，拚了命似的又拖又扯。母松雞不停掙扎，另一隻翅膀的撲打像雨點般落在牠身上。這是小灰狼的第一場戰役。牠情緒亢奮、壓根兒忘了未知是什麼。牠在打架；在撕扯一隻正攻擊自己的生物；而且這隻生物是肉食。殺生的慾望存在牠心中。牠才剛剛摧毀幾隻小生物，現在牠要摧毀一隻大生物。牠太忙碌、太快活，根本沒有察覺自己的興奮。牠有著從未有過的刺激和亢奮，比起以前任何時候都熱烈。

牠牢牢咬住松雞的翅膀，牙縫之間迸出低沈的吼聲。松雞將牠拖出樹叢，轉身又想把牠拖回矮樹叢中的藏身處，而牠卻扯著松雞往空曠地方走。母松雞一直大聲啼叫。用沒被小灰狼咬住的翅膀猛烈撲打，身上的羽毛如雪花般飄飄落下。小狼的情緒亢奮到極點，狼族戰鬥的血液在牠胸中澎湃、高漲。這就是生存——雖然牠並不明瞭。牠正在實踐自己生存於世上的意義，做牠天生該做的事情——宰殺食物；靠戰鬥去宰殺。牠在證明自己的存在；即使生命本身所能做到的也莫過於此。因爲只有在將天賦使命發揮到淋漓盡致時，生命才會達到它的巔峰。

沒有多久，松雞停止了掙扎。小灰狼依舊緊咬著牠的翅膀，雙雙躺在地上盯著對方看。小灰狼兇狠地咆哮著威脅松雞，松雞則猛啄小狼幾經碰撞、叮啄而紅腫的鼻子。小狼畏縮躲閃，但仍緊咬著翅膀不放。松雞一啄再啄，小狼已經由閃避轉爲哀鳴。牠往後倒退想要躲開松雞的尖嘴，可是嘴巴沒鬆，所以那松雞始終被牠拖著走。一陣驟雨般的叮啄落在牠飽受凌虐的鼻頭。戰鬥的洪流漸漸退潮；牠放掉獵物，轉身飛快奔過空地，不光榮地撤退了。

小灰狼趴在空地另一頭、靠近樹叢邊緣的地方休息，垂著舌頭，胸口起伏喘息，鼻子傷痛未退，疼得牠哀哀嗚咽。但就在這時，牠突然有種大難臨頭的感覺。駭人的未知衝擊著小灰狼，牠出乎本能地縮進樹叢隱蔽處。正當此時，一陣氣流掃過牠上方，一隻長著翅膀的大東西帶著可怖的陰影無聲無息地掠過。是隻老鷹——從天藍的空中俯衝而下，只差一點就攫走小狼。

驚魂甫定的小灰狼趴在矮樹叢中害怕地向外望，空地那一頭的母松雞從殘破的窩中撲著翅膀跑出來。失去孩子的牠不曾注意到空中疾如閃電的猛禽。但小灰狼看到了，並且學到一個警惕和教訓——牠看到老鷹疾疾俯衝盤旋；看到牠凌空而下攫住了松雞，看到松雞憤怒驚恐地尖叫，還有老鷹抓著松雞直衝藍藍的天幕騰空而去。

小灰狼縮在樹叢裡躲了半天才出來。牠學到不少東西。比方說生物就是肉，很好吃。還有，體型夠大的生物可能會帶來傷害。要吃最好吃像小松雞那樣小小的生物，像母松雞這種大型生物就別碰。不過牠還是有個小小的野心，竊自盼望再和那母松雞一戰——可惜牠被老鷹抓走了。也許附近還有母松雞吧！牠要過去找找看。

小灰狼從一處防水堤走到小溪邊，以前牠沒見過水，看起來像是很好行走以及站立的樣子，表面也沒有什麼凹凸不平的地方。牠大膽地一腳踏上水面，然後往下踩，立即在未知的環伺中驚恐地號哭起來。這水好冷；牠呼吸急促、不斷地喘息。河水取代一向伴著呼吸而來的空氣衝入牠肺部，那種窒息有如死亡般痛苦。在牠心中這就意味著死亡。牠對死亡並沒有任何知識；但就像所有荒野中的動物，牠具有死亡的直覺。對牠而言，死亡的意思就是最大的傷害。它是未知的原身，是未知所有恐怖的總和——是可能發生在牠身上最嚴重、最難以想像的災禍。關於它；牠一無所知，什麼都害怕。

小灰狼浮出水面，清爽的空氣撲入牠張開的口中。牠不再沈下水底了。彷彿已是長期養成的習慣似的，小灰狼振開四肢開始游泳。較近的堤岸距離牠才一碼長；但牠浮出水中時正好背對它，首先映入眼中的是對岸。於是牠立即朝著那地方游去。雖然這是一條小溪流，但在匯集成潭處卻有十餘呎寬。

游到半途中，急流攫住小灰狼。小灰狼被衝往下游，又被潭底的湍流陷住。在這裡要想游泳的機會微乎其微。平靜的潭水變得怒濤洶湧，小灰狼一會兒被捲入水底，一會兒衝到水上，不是翻滾打轉，就是撞上溪石，一路都在劇烈移動中，每次撞上岩石便高聲嗥叫。從牠連續不斷的哀號聲中，大約就可以清點出牠撞上的岩石數目吧！

過了湍流又是第二汪水潭。在這裡牠被漩渦捲住，輕柔地推向岸邊，又和緩地擱置在碎石淺灘上。小灰狼狂亂地爬離水中、然後躺在小溪旁。對於世界，牠又多了幾分了解。水不是活的，但它還是會移動。此外它看起來雖然像土地般堅實，卻一點也不穩固。牠的結論是很多東西未必永遠表裡如一。小灰狼對於未知的恐懼，乃是來自一種代代相傳的不信任，而今這種不信任更因經驗而加深。因此針對事物的本質，牠將永遠對其外觀抱存一份懷疑。牠必須先學會了解事物真實的面貌，才能完完全全信賴它。

那一天，牠注定還要再遇一次險。牠想到世上有著媽媽這種東西，一時間對母親的希冀超越過一切。幾次經險之後，牠不但身體疲憊，小小的腦袋也同樣累乏了。從出生到現在所有的日子加起來，也沒有今天一天工作的辛苦。更何況，牠也真的睏了。於是牠帶著抵擋不住的孤單無助感，開始出發尋找洞穴的母親。

小灰狼沿著幾株矮樹叢間爬，突然聽到一聲威脅的尖叫，眼前掠過一道黃色的閃光，一隻鼬鼠（黃鼠狼）飛速從牠面前竄開。那是一隻小生物；牠不怕。接著牠又看見身前──在牠腳跟邊——有隻極小的小生物，總共才不過幾吋長。

這是一隻小鼬鼠；像自己一樣，不守規矩，跑出來探險。小鼬鼠想要迴避牠；小狼一掌把牠打翻過來。小東西憤怒地怪叫；不一會兒，那道黃色閃光馬上重現牠眼前。牠再度聽到那威脅的尖叫，頸邊同時遭受凌厲的一擊，感覺鼬鼠媽媽尖銳的牙齒深深咬入牠頸肉。

小狼哀哀叫著蹣跚後退，看見母鼬飛撲到孩子身邊，一起消失在樹叢裡。頸部被咬的地方依然疼痛，內心的感覺卻傷得更嚴重；小狼坐在地上嗚嗚啼哭起來。母鼬鼠體型明明那麼小，可性情偏是那麼兇殘！牠還不曉得在同等身量、體重的動物中，鼬鼠是全荒野最兇猛、報復心最強、最可怕的殺手。不過這馬上就成爲牠知識中的一部分了。

牠還在嚶嚶唔唔啼哭呢，母鼬鼠就又現身了。現在孩子安全了，牠也就不那麼急著衝上來，而是更加小心的逼近，於是小狼便有充分的機會可以觀察牠那像蛇一般瘦削的身體，以及酷似長蛇那樣直挺、焦渴的頭臉。牠那尖利、威嚇的叫聲聽得小狼毛骨悚然，咆哮著警告對方別侵犯。母鼬愈逼愈近。突然，在小狼見薄識淺的眼睛還沒反應過來前，那瘦黃的身體就如閃電般飛離牠視線，隨即惡狠狠咬住牠的毛髮和肌肉。

小灰狼起初還咆哮著想要戰鬥；但牠是那麼幼小，而這又是牠初出茅廬的第一天，很快地咆哮就轉變成嗚咽，戰鬥也變成企圖逃脫的掙扎。母鼬鼠絲毫不肯鬆口，反而拚命想要咬入小狼血液汩汩流動的血管。

鼬鼠原本就是吸血型動物，而且最最喜歡莫過於活生生從還活著的獵物喉嚨吸乾牠的血了。倘若不是母狼及時地從樹叢中衝出，小灰狼勢必會一命歸陰，屬於牠的故事也就沒有下文啦！鼬鼠放掉小灰狼直撲母狼的喉嚨，不過並沒有命中，而是咬到牠的下巴。母狼像甩鞭子似地猛一甩頭，不但甩脫了鼬鼠，還把牠拋到半空中。對方尚未落下，母狼就牢牢咬住牠那瘦削的黃色身軀，獠牙一挫，將牠咬死了。

小灰狼再一次體驗到母親深切的疼愛。母狼發現牠的那股喜悅似乎還比牠被母狼發現的喜悅來得強。牠嗅著孩子的身體，輕輕地撫慰，又舔舔那些被鼬鼠咬破的傷口。接著母狼便和小狼共同吃掉那隻吸血的動物，然後回到洞穴中睡覺。

第五章　肉食法則

小灰狼發育得很快。才剛休息了兩天，牠又大膽跑出洞穴去。這次歷險中，牠看到上次和媽媽分享那隻母鼬的孩子，並且學習母親的招數料理掉那隻小鼬鼠。不過這次牠沒有再迷路。等到走累了，牠便覓路回洞去睡覺。此後每天牠都會出門，遊蕩的範圍也愈來愈寬廣。

牠對自己的力量和弱點開始有了精確的估算，了解何時應該謹慎，何時可以放大膽。牠發覺除了在極少數、百分之百信賴自己的勇猛時，可以放縱自己任意貪婪、發怒外，其他時候最好時時如臨深淵、如履薄冰。

每當途中巧遇一隻迷途的松雞，牠總會成爲殺氣騰騰的小惡魔。聽到在枯萎的松樹那邊初次相遇的松鼠吱吱喳喳地聒噪，牠也一定兇猛地回應。至於見到樫鳥更是讓牠幾乎次次大發雷霆；因爲牠永遠也忘不了第一次碰到樫鳥時，自己的鼻子被啄得多慘重。

但也有幾次就連樫鳥也影響不了牠的情緒，那便是在小狼感覺自己有被其他潛伏的肉食動物獵殺的危險時。牠始終沒忘記那老鷹；只要一看到這種猛禽飛翔中的暗影，小狼必定急忙往樹叢底下鑽。

現在牠不再匍匐爬行，或者舉步蹣跚，而是漸漸學會母親輕盈的步態。偷偷摸摸、躡手躡腳，一點也不顯得吃力，卻又來去如風，快得瞞過所有的眼睛、讓人無法察覺。

在食物方面，小狼就只有一開始走好運。直到現在，牠所獵殺的生物總數也才只有那七隻松雞加一隻小鼬鼠。牠對殺生的渴望與日俱增，而最想獵殺的正是那隻吱喳不停、老是向所有野生動物通報小狼來到的松鼠。但就像鳥兒翱翔空中一樣，松鼠擅長爬樹，所以小狼只有趁那小傢伙在地上時設法神不知、鬼不覺地爬到牠身邊。

小灰狼對母親崇拜萬分。母親能夠獵到食物，而且總少不了孩子的一份。此外母狼什麼也不怕。

小灰狼並沒有想到母親這種無所畏懼的精神是建立在知識和經驗上；牠認爲那全是出於力量。母親代表力量；長得愈大，牠用鼻子推撞的譴責行動也代之以長牙的狠咬。這一點，同樣令牠對母親感到敬佩。母狼壓迫牠乖乖聽話。小狼長得愈大，母狼的脾氣就愈急躁。

饑荒再度來襲。小狼懷著更清楚的意識。再一次領略被飢餓啃噬的滋味。母狼忙著找尋食物，身體一天瘦似一天。牠幾乎整天都在外覓食，難得回到洞穴睡個覺，可是每天都是白忙。幸而這場飢荒並沒有持續太久，只是那段日子真的好難捱。小灰狼再也無法從母親乳房吸吮到奶汁，而牠自己也沒辦法找到一口食物。

以前牠曾爲了享受捕獵的喜悅，把獵取食物當消遣；現在牠萬分認真地到處去獵食，結果什麼也找不到。不過獵食的失敗促進牠的成長。牠更加仔細地鑽研松鼠的習性，然後，以更巧妙的技術展開偷襲，冷不防地把對方嚇一大跳。牠研究土撥鼠，想要將牠們從洞穴中挖出。對於樫鳥以及啄木鳥的習慣，牠也學得更多了。終於有一天，牠不再看見老鷹的影子就趴進樹叢裡。牠已經強壯得多，也比以前更加聰明、有自信。再說現在牠餓得連命都可以不要，所以乾脆大搖大擺坐在空地上，挑釁空中飛翔的老鷹衝下來。因爲牠知道翺翔於頭頂藍天的是食物——是牠的胃在支撐這麼久之後熱烈渴望的食物。但那老鷹不肯飛下來戰鬥，小灰狼只好趴進一叢矮樹下，又餓又失望地嗚嗚哀鳴。

饑荒暫時中斷了；母狼帶了肉回來。那是一種奇怪的肉，和牠以前所帶的都不一樣——那是一隻半大的小山貓；和小灰狼一樣，只是體型沒牠大。這一整隻小山貓都是給牠吃的。媽媽在別處止過飢了。不過小狼並不曉得塡飽媽媽肚子的是這隻小山貓的同胞手足們。牠更不曉得母親的行爲是多麼不顧危險，只知道那有著天鵝絨般毛皮的小山貓是食物，於是張開大口便是吃，而且愈吃愈痛快。

飽餐一頓之後，行動自然變得懶洋洋。小狼躺在洞穴裡，偎在媽媽身邊睡著了。睡到中途，牠被媽媽的咆哮聲吵醒。牠從沒有聽見母狼叫得那麼可怕過，也許這是牠一生中最恐怖的咆哮呢！牠會吼得如此兇狠不是沒有道理的；而箇中原因只有牠自己最清楚。搗毀一個山貓窩，說什麼也不可能平安無事。

在午後耀眼的光線下，小狼看見山貓媽媽匍匐在洞口。小狼一看這光景，渾身毛髮立刻豎起來。這是恐懼；用不著本能告訴牠。若是眼中所見的尙不足以讓牠害怕，那麼這位闖入者先是一聲咆哮，繼而猝然高揚，轉爲沙啞尖叫的怒吼，也該夠叫牠膽戰心寒啦！

小狼感受到體內活力的激勵，於是站起身來靠在母親後面。由於洞口很矮，母山貓沒有辦法飛身竄進來，因此母狼趁著對方還在匍匐挺進時一把撲在牠身上，教牠無法動彈。小灰狼看不清牠們之間的戰鬥，只聽到陣陣慘烈的咆哮、呼嘯、尖叫聲。母山貓爪、牙並用，又撕、又扯、又猛咬，而母狼卻只運用牙齒做武器，雙方扭打纏鬥成一團。

不久小灰狼也跳入戰場中，狠狠咬住山貓的後腿。牠緊咬不放，兇殘咆哮，只是不曉得由於自己的體重牽制住那條腿的行動，使得母親少受許多傷害。後來戰況一變，母狼和山貓的身體同時壓著牠，教牠不得不鬆口。

不一會兒，兩隻大獸分離開來，山貓先揮出一隻大前爪攻擊小灰狼，這才又和母狼衝撞在一塊兒。小灰狼肩膀被山貓抓得深可見骨，身體也被推得撞上牆，又痛又驚之下叫得更響亮。然而這場戰鬥持續極久，小灰狼不但有時間自己哭喊個夠，還有餘暇滋長第二波勇氣；最後牠又再次狠狠咬住山貓的一隻後腿，兇猛地沈沈怒吼，直到戰爭終於結束。

山貓死了，可是母狼也很疲憊虛弱。最初牠還輕撫小狼、舔舔孩子受傷的肩膀。可是血液的流失耗損了牠的體力，整整一天一夜，牠都動也不動、氣息微弱地躺在死去的敵人屍身旁。大約有一個禮拜時間左右，母狼除了喝水之外寸步不離洞穴，即使出洞喝水時，行動也是痛苦而遲緩。等到那隻母山貓的肉終於被吃光，母狼的傷勢也差不多完全痊癒，可以再出去尋找食物蹤跡了。

小狼的肩膀僵硬而疼痛。為了山貓那一擊，牠有好一段時間走起路來都一跛一跛的。只是如今世界似乎改變了。牠帶著更大的信心四處去走動，那種英勇的感覺是還未經歷山貓這一戰前所沒有的。牠已以更兇猛的觀點看待生命；牠曾戰鬥；也曾讓自己的牙齒深陷敵人的肌肉，並且倖存下來。由於這一切的一切，使牠擁有一種未曾有過的挑釁姿態，行為愈來愈大膽。雖然未知依舊帶著神秘和恐怖、抽象而永恆的威脅不斷壓迫牠，但牠已不再害怕較小的東西，膽怯畏縮也多半不復存在。

牠開始陪伴母親出門覓食，見識許多殺生的行動，自己也開始加入其中，並在朦朦朧朧中自行摸索出肉食的法則。世上的生物有兩類——牠自己這一類以及另一類。自己這一類包括母親和牠本身，另一類則涵蓋所有會移動的生物。可是另一類中也還有區分。有一種是牠的同類獵殺、食用的對象，其中包括非殺手以及小殺手兩種。還有一種是會獵殺並食用自己的同類，或者被同類獵食的生物。

根據這個歸納成立了一個法則。生命的目標在食物。生物本身就是食物。生物以生物為食。世上既有食用者也有被食者。規則是——吃；或被吃。牠並未條理分明，正正式式去規範這一道法則，甚至也沒想過這法則；牠只是不假思索地依循這個法則而生存。

牠看到這套法則在牠周遭處處運作。牠吃過小松雞；老鷹吃過母松雞。原本老鷹也會把牠吃了的。後來等牠長得強大一些後，換牠想吃老鷹了。牠吃掉小山貓。倘若不是母山貓本身被殺死、吃掉，原本對方也會吃掉自己的。世事就是這樣運行。那法則存在於周遭所有生物間，而牠也是其中的一個段落、一小部分。牠是個殺手；唯一的食物是肉；活生生的肉；從牠眼前快速逃竄、飛入空中、爬上樹梢、藏在地底、當面迎戰，或者扭轉局勢追逐牠的活肉。

假如小灰狼是以人類的方式在思考，說不定會概括認定生命就是一種永不滿足的食慾，而世界則是成千上百萬個食慾蔓生的地方。追逐與被追；狩獵與被獵；吃與被吃；一切都是那麼盲目混亂、暴烈紛雜，處處盡是貪食與屠殺所引起的紊亂，整個天地全被機運、冷酷、沒有計畫、沒有目標所轄治。

但小灰狼並不是以人類的思路在思考，也沒有那麼寬廣的視野可看待世事。牠是一隻單純的動物，同一時間內只能有一個思考或慾望。除了肉食法則，世上還有無數次要的準則等待牠去學習和遵守。這世界充滿了驚奇。小狼體內的活力在蠢動，肌肉的運作是牠無盡的快活。搜捕食物是爲了體驗興奮與刺激，憤怒與戰鬥都是一種欣喜。恐怖本身，以及未知的神秘，都在牽引著牠的生存。

當然，生命中也有安逸與滿足。把肚子填得飽飽，在陽光下懶懶散散打瞌睡——這些都是牠的熱誠與辛勞所換來的回饋，而熱誠與辛勞本身也就是一種自我的報償。它們是一種生命的體現，而生命只要能夠表現自我總是快樂的。於是，小灰狼不再與處處充滿敵意的環境起衝突。牠非常活潑、非常快樂，而且非常自傲。

第二部

第一章　生火者

小灰狼不期而然碰上這件事。都怪牠自己——牠太粗心了。牠離開了洞穴，跑到溪邊去喝水。大概是睡意太濃吧，小灰狼什麼也沒留意。**（牠一整晚都在外面找食物，這才剛剛睡醒哩！）**至於牠的粗心，也許是出於牠對前往水潭的路徑太熟所致吧！牠時常走這條路，什麼也沒發生過。

牠經過那棵枯萎的松樹，穿越空地，在林木之間漫步奔跑。突然牠同時聞到某種味道，看到某些東西。在牠面前，坐著五個牠前所未見的生物。這是小灰狼第一次看見人類。但是五個人看見牠後卻沒有跳起來，也沒有齜牙咧嘴地咆哮。他們動也不動，光只是安安靜靜，像是帶著什麼壞兆頭似的坐在那兒。

小灰狼也沒動。倘若不是身上忽然首次湧現一股異樣的直覺，天生所有的本能一定都會驅策牠飛也似的逃命去。一股巨大的敬畏籠罩牠身上。小狼徹底歸降，自認微弱、渺小的感覺壓迫得牠無法動彈。這之中含帶著技巧與力量；那是遠遠超乎牠所能比擬的。

小灰狼從未見過人類，但牠有關於人類的直覺，隱隱約約察覺出人類是那種靠著戰鬥凌駕其他野獸的動物。此時小狼不只以自己的眼光，而是以所有祖先的眼光在看待人類——那些曾在黑暗中環伺無數冬夜營火，從樹叢中心遙遙凝注這主宰眾生物的奇特兩腿動物之眼光。與生俱來的符咒降臨小灰狼身上，畏懼與尊敬全是來自千百年的爭鬥與世世代代累積的經驗。若不是牠還未完全長大，必定早已拔腿逃跑了。正因牠還小，所以在恐懼的麻痺中瑟縮一旁，而狼的先祖首度來到營火邊坐下取暖時的歸順牠已表現了一半。

一個印第安人站起身走過來俯身看牠，小灰狼幾乎要趴到地上了。是未知終於具體化，凝結成爲實質的血肉，探下身來伸手準備攫取牠。牠的毛髮不由自主地聳起，嘴唇也向後咧開，露出小小的獠牙。那伸來的手似劫數般遲疑地暫停在牠頭上，然後開口大笑說：「嘿！好一口白牙！」

另一名印第安人跟著哈哈大笑，鼓動那人抓起小灰狼。眼看那隻手愈降愈靠近，小狼體內的本能在交戰。牠感受到兩股巨大的衝突——屈服，與戰鬥。結果牠所表現的行動是兩者兼而有之，先是默默退讓屈服，直到那手幾乎碰到牠，這才猛一咬牙，狠狠咬著那人的手奮戰。緊接著牠的頭側挨了一拳，滿腔鬥志立即冰消瓦解，取而代之的是幼弱的心性和臣服的本能。牠坐在地上，咿咿哀鳴。但剛剛動手打牠的那個人卻還餘怒未息，馬上又一拳打在小灰狼另一側臉頰上，而牠只能坐在地上哀叫得更大聲。

另外那四個印第安人笑得更響亮了，就連動手揍牠的那個人也開始張口大笑。他們圍繞在心驚膽戰又被打傷的小狼周圍，連聲一氣不斷取笑牠。

這時，小狼在人類的笑聲中聽到某種聲音。五個印第安人也聽到了。但小狼明顯知道那是什麼。於是帶著三分悲傷、七分得意，發出最後一聲長長的哀號，然後安靜下來，等候牠的母親來到——牠那兇猛殘暴、無所畏懼、驍勇善戰、攻無不克的母親。母狼在咆哮中飛奔而來；牠聽到幼子的號叫，正急急奔赴現場趕救。

母狼一陣風似的衝進五名印第安人包圍中，焦急而好戰的母性流露使得牠的外貌相當猙獰難看。但在小狼眼中，那亟欲保護愛子的盛怒樣子卻很令人喜愛。於是牠高興地衝上前來與牠母親相會，而五名人類則匆匆忙忙倒退幾步。母狼豎起毛髮，擋在孩子前頭面對人類，喉嚨骨碌碌地發出低沈的悶吼。牠那帶著恫嚇的臉龐惡毒猙獰，整個鼻樑皺得鼻尖快掀到眼部，咆哮之聲更是淒厲駭人。

這時五名男子之一忽然大叫一聲。他叫的是：「姬雪！」那是一聲驚訝的尖叫。小狼覺得母親聽到那聲音之後似乎狠勁全消。

「姬雪！」那名男子再次吆喝；這次口氣中含帶的是嚴厲與權威。

此時小狼看到牠那天不怕、地不怕的母親身體一直往下趴，直到整個腹部貼到地上，嘴裡嗚嗚咽咽地低叫，搖著尾巴，大作談和信號。

小灰狼莫名所以。牠嚇壞啦！對於人類的敬畏之感再次湧上。牠的直覺是對的。媽媽的行為就是證據——牠，也屈服於「人」這種動物。

那名吆喝的男子走上前來，把手放在母狼的頭上。而母狼只是向他爬近，既沒咬人，也沒有做出要咬人的威脅。接著另外四名男子也走上前來，圍著牠又是摸、又是拍，對於這些舉動，母狼沒有一點反感的表示。那些男子都很激動，嘴裡嘈嘈雜雜地弄出許多吵聲。小灰狼認定這些聲音裡沒有危險的意味，所以當牠一步步爬到母親身旁時，雖然依舊不時豎起毛髮，卻全力表現歸順的樣子。

「這也難怪了；」一名印第安人說：「牠的父親是匹狼。牠的母親的的確確是條狗；不過那年交配季節裡，我哥哥不是整整三夜都把那條狗綁在林子裡嗎？因此，姬雪的父親是匹狼。」

「自從牠溜掉到現在已經一年了呀，灰鬍子。」第二名印第安人說。

「這也怪不得啊，紅舌頭。」灰鬍子表示：「當初正在鬧飢荒，根本沒肉給狗吃。」

「牠一直和野狼共同生活。」第三個印第安人開口。

「應該是吧，三鷹，」灰鬍子摸著小狼回答：「這小傢伙就是此事的明證。」

灰鬍子的手剛一碰觸，小狼就輕輕發出一聲咆哮聲。他趕緊將手縮回，準備揍牠一拳。於是小狼閉上嘴巴，順服地低下身子，而灰鬍子的手也再度落下，輕輕撫弄牠的耳背，又順著牠的背來回摩撫。

「這就是痕跡。」灰鬍子接著說：「很顯然牠的母親是姬雪，而父親卻是一匹狼。因此牠身上狼的成分多，狗的成分少。牠的牙很白，就取名白牙吧！我說了算數。牠是我的狗。因爲姬雪可不是我老哥的狗嗎？而我老哥死了，不是嗎？」

剛剛在世上獲得一個名字的小狼正躺在地上旁觀。五名男子繼續從嘴巴裡發出吵雜的聲音。不久，灰鬍子從掛在脖子上的刀鞘裡抽出一把刀子，走進樹叢砍下一截木枝。白牙瞅著他。他在木杖兩端各削出槽口，再在槽口中綁上牛皮繩，一條繫在姬雪的喉部，再牽著牠走到一株小松樹邊，把另一條皮繩綁在樹幹上。

白牙跟過去趴在母親身旁，紅舌頭伸手把牠推個四腳朝天打滾翻。姬雪憂心忡忡地在一旁看著，白牙感到那股恐懼再度來襲。牠忍不住咆哮一聲，卻沒作勢要咬人。那隻手，五指忽張忽曲，戲弄地搔著牠的肚皮，一會把牠往右翻，一會往左翻。像這樣四腳朝天地仰臥在地上，不但滑稽而且不雅觀。再說，白牙的天性對這種全然無助的姿勢很是反感。這副樣子讓牠根本無法自衛。白牙知道倘若這個人類有意傷害，自己完全沒有倖免的可能。四隻腳對著天，身體在地上，牠能一躍而走嗎？然而歸順的心態凌駕心中的畏懼，是以牠只有輕聲低吼而已。牠無法壓抑低吼的本能，而那人也沒有因而一拳打在牠頭上。更有甚者，在那隻手的來回搔弄中，白牙竟奇怪地體驗到一股無以比擬的愜意。等牠翻過身來，嘴裡自然而然停止低吼；而當那人的手指壓揉著牠的耳根時，興奮的感覺更是強烈。接著，那人再搔搔揉揉幾下後便拋下牠走開，而白牙所有的畏懼也都消失了。此後在和人類打交道時，牠也曾多次感到恐懼，然而這次行動卻是牠最後與人建立無畏情誼的前兆。

沒有多久，白牙聽到陣陣奇怪的吵聲逐漸接近。牠的歸納能力很敏銳，馬上聽出那是人類的聲音。幾分鐘後，其餘的人就像開拔時魚貫而出般成列走進來。這列隊伍中包括更多男子，以及婦人和小孩，總加起來有四十名之多，個個揹著沈重的野營器材和裝備。另外隊伍之中還有很多條狗；而這些狗之中除了一些半大不小的之外，也都馱著紮營的設備。牠們背上綁著袋子，各自運送二至三十磅重的東西。

白牙從未看見過狗，但是，一見牠們便覺那是自己的同類，只是彼此之間終究有些不一樣。不過那些狗看到小灰狼和牠的母親，表現出來的行爲卻和野狼差不多，各自衝鋒陷陣撲過來。白牙面對如同潮浪般張口湧來的狗群，聳起長毛、咆哮猛咬。牠被狗群壓在地上，感覺牠們的利牙狠狠咬著自己的身體，而牠本身也拚命咬齧、撕扯那些欺壓在牠上方的大腿和胸腹。現場一片喧聲震耳。白牙聽到母狼爲自己奮戰的咆哮；人類吼叫的聲音；攻擊牠的狗群製造的聲響；還有挨了重擊的狗痛苦的哀號。

短短幾秒鐘內，白牙又站起來了。牠看到人類棍棒、石頭齊飛，逐退狗群保護牠，使牠免於遭受那些既是同類又不完全是同類者的攻擊。雖然牠的腦子裡對所謂正義這種難解的東西沒有清晰的概念，但憑著自己的方式，牠仍能感受人類的正義，知道他們的身分——他們是——規則的創造與執行者，同時牠也深深激賞他們執行規則的能力。

他們既不咬、也不抓，和牠遇到過的所有動物全都不一樣。他們運用死的東西強化自己活生生的力量。死的東西聽任他們的命令，因此木杖、石頭在這些奇特生物的指揮下，像生物一般竄過空中，重重打在狗群的身上。

在小狼心目中這是不平凡、不可思議、超乎自然的力量；是一種像神一樣的力量。就以白牙的生性看，再怎麼說牠也不可能了解任何有關神仙的事情——牠最多只能知道那些自己無法理解的事情。然而牠對這些人類那種驚奇與敬畏，卻與人們見到某位站在山巔、雙手各自對著驚錯世界砸下霹靂的天神那股崇敬、敬畏極為酷似。

最後一條狗被趕退了，喧鬧之聲也平靜下來。白牙舔著自己的傷口，回味牠這初嘗狗群暴行，以及初識這一大群狗的經驗。除了獨眼、母親和自己，牠做夢都沒想過還有其他的同類。牠們向來自成一個類；此時此刻，牠猝然發現許多顯然是自己同類的動物。下意識裡，牠對這些甫一見面就張牙舞爪想要殲滅自己的同類有著一股憤恨。相同的，牠也怨恨自己的母親被用棍棒綁起來；縱然捆綁牠的是優越的人類。那意味著捕捉與束縛。然而對於捕捉、束縛，白牙本是一無所知。自由自在漫遊、奔跑，隨心所欲愛躺就躺是牠與生俱來的天性，而在這裡，天性卻遭到侵犯。母親的行動被那根棍棒的長度所限制，而牠的行動同樣受那根棍棒長度所限，因爲牠還沒到可以離開母親身畔的時候。

牠不喜歡這樣，也不喜歡人類起身出發的時候。因爲這時會有一個小小人類握著棍棒另一端，把姬雪當成囚犯似的牽在後頭走。白牙跟在雪姬的後面，被這剛剛涉入的奇遇攪得心煩意亂、憂愁苦惱。

這一大隊人馬沿著溪谷往下走，遠遠超過白牙最遠的遊蹤來到溪谷的盡頭，小溪就在此處注入麥肯錫河。在這獨木舟高掛於柱頭、風魚用魚架處處立的地方，人們動手紮起營帳；而白牙則張著好奇的眼睛在一旁靜觀。

這些人類的優越與時俱增。他們控制所有尖牙利嘴的狗群，透露權力的氣息。而在小灰狼的眼中看來，更厲害的是他們還能主宰沒有生命的東西，能夠運動不能移動的物品，還能改變世界的面貌。

最後一點，尤其讓牠印象深刻。豎起柱子框架的舉動固然吸引白牙的目光；但由那些能把木棒、石頭扔得老遠的生物做來就顯得似乎不足爲奇了。但是等到架上披了皮、布變帳篷後，白牙簡直看得目瞪口呆。它們巨大的外形叫牠心驚；一座座像急速生長的怪物般在牠四周陡然立起，幾乎占據牠整個視野所及的範圍。牠害怕這些帳篷。它們陰森森地聳立在牠頭上，微風一吹就驚起劇烈的搖晃；白牙只得驚慌地畏縮成一團，兩眼提高警覺地盯著它們看，萬一它們出現壓到身上的徵兆，白牙就要馬上溜之大吉了。

但不久之後牠對帳篷的恐懼立即消失無蹤。牠看見婦人小孩都毫髮無傷地在其間竄進竄出，連狗也想跑到裡面去，不過都被嚴厲的叱責和飛掠的石頭逐退。不一會兒，牠離開姬雪身邊，小心翼翼朝著一座帳篷外壁爬。催促牠的是成長的好奇心——經驗必須靠著學習、生活，與行動而累積。

到達牆邊最後那幾吋，白牙爬得如臨深淵、慢得折騰人。歷經這一整天大大小小的事件，白牙已經有了充分的心理準備去迎接最令人震撼、最難以想像的未知。終於牠的鼻子碰到帆布。牠等了等；什麼事也沒有。接著牠嗅嗅這沾滿人味的小建築，咬著帆布輕輕拖一下。還是沒事；只是帳篷的幾處銜接部分動了動。牠更用力扯扯，帳篷動得更厲害。這真是一樁開心事。牠使勁兒拉扯個不停，最後整座帳篷都搖搖晃晃了。突然篷內響起一個粗厲的大吼，嚇得白牙飛也似的衝回姬雪的身旁。但從此以後，牠再也不怕帳篷那陰影幢幢的大塊頭了。

沒多久工夫，牠又再次離開母親身邊遊蕩，母狼的棍子被綁在地面的一根木栓上，所以沒有辦法跟在牠身後。一隻半大不小、看起來比白牙稍長稍大的小狗帶著盛氣凌人、好鬥擅戰的架式緩緩走過來。白牙後來聽人喊叫，知道這條小狗的名字叫利嘴，在小狗群中有著豐富的戰鬥經驗，早已是隻欺凌弱小的惡霸了。

利嘴是白牙自己的同類；再說牠只是條小狗，看起來似乎沒有什麼危險嘛；因此白牙預備抱著友善的心態迎接牠。然而等到看見對方走著走著，腳步變得剛猛、翻起嘴唇露出牠的牙齒，白牙也跟著挺直四肢，掀開雙唇。牠們聳毛咆哮，試探性地半繞著對方走。這種情形持續幾分鐘，白牙開始把它當成一種遊戲，而且樂在其中。

突然利嘴以迅雷不及掩耳的速度衝上前來，狠狠咬牠一口，又立刻衝回原處。這一口咬在曾被山貓抓傷的肩頭，傷痕更深，幾乎深及骨頭。白牙又驚又痛之餘高聲長嗥；但不一會兒，牠便怒氣沖沖地朝利嘴撲去，惡狠狠地張口就咬。

然而利嘴自幼生長在營地，不知跟營內的眾多小狗打過多少場仗。牠小小的利牙三次、四次，五、六次咬在白牙身上，直到這初來乍到的成員很不害臊地哀哀叫著，奔逃到母親身邊尋求保護。這是白牙和利嘴多次戰役的第一仗；因為牠們是天生的仇敵，註定要一輩子都衝突不斷。

姬雪輕輕舔著白牙安慰牠，想要勸牠留在自己的身旁。然而牠的好奇心實在太強啦，才沒幾分鐘就又忍不住冒險往外走。牠遇到一個人類——灰鬍子——他正蹲著身子，不知用鋪在地上的柴枝和乾苔在做些什麼。白牙湊上前去望著。灰鬍子口中發出幾個聲音，白牙覺得其中似乎不含惡意，於是湊得更近了。

這似乎是樁重要大事，婦人、小孩都搬來樹枝、乾柴給灰鬍子。好奇的白牙早已忘了灰鬍子是個可怕的人類，一直走到碰著他的膝蓋才停下。忽然間，牠看見一種霧般的奇怪東西自灰鬍子雙手下的乾苔、柴枝間升起。接著，柴枝堆中出現一種和空中太陽顏色相似的活霧；騰騰扭扭、彎曲盤繞。白牙對火一無所知；那火就像幼年時期洞口的光線般吸引著牠接近。牠朝著火光爬行幾步，聽見灰鬍子在牠頭上咯咯笑著，知道那笑聲沒有敵意。這時牠的鼻尖接觸到火焰，小小舌頭也同時伸過去。

剎時間牠麻痺了，那隱藏在青苔柴枝堆間的未知無情地從鼻端攫住牠。牠跌跌撞撞地向後退，震驚之餘，一連聲哀哀尖叫個不停。姬雪聽到那可憐的聲音，咆哮著拉扯困住牠的棍棒卻又幫不上忙，只能在一旁乾生氣。可是灰鬍子卻笑得很起勁，還猛拍大腿，把這樁事兒說給營中所有的人聽，結果全營的人無不笑得聲音震天響。而白牙這可憐兮兮的小東西，卻只能孤孤淒淒坐在這一大群人類中間哀哀尖叫個不停。

白牙從來沒有受過這麼嚴重的傷害；牠的舌頭和鼻子全被灰鬍子手中製造出來的活物燒傷了。牠一聲接著一聲哭號個沒完沒了，每哀號一聲，就會引起那些人類一陣爆笑。牠想用舌頭去撫慰鼻頭的傷，然而舌頭本身也燙傷啦，兩個傷處碰在一起痛得更厲害；因此牠也就愈哭愈無助、愈哭愈可憐了。

除了疼痛，牠也感到羞恥。牠了解那笑聲，也了解笑聲中的含意。人們不曉得某些動物是如何懂得笑聲，又如何了解人家正在嘲笑牠們；但這時白牙便憑著那些動物的方式理解人類的嘲笑。想到人類嘲笑牠，白牙就覺得好丟臉。牠轉身逃開；不是逃避火的傷害，而是逃避那刺牠更深、傷透心靈的笑聲。牠飛奔到姬雪身旁，發了瘋似的在棍棒尾稍對著姬雪——那整個世間唯一不嘲笑牠的生物——大發脾氣。

暮色漸濃，黑夜來到。白牙躺在母親的身旁，雖然鼻子、舌頭依然疼痛，心中卻有更大的苦惱。牠好想家。牠覺得內心空茫茫，亟需崖壁中的洞穴與小溪的寂靜安寧來撫慰。生活中的成員變得太稠密，許許多多的人類——包括男人、婦女和小孩——無不製造種種噪音和騷擾。另外還有為數不少的狗成天爭爭吵吵，弄出一大堆喧囂和混亂。牠唯一熟悉的孤獨平靜生活已不復存在。這裡的生活環境令牠終日忐忑。周遭都是無止無休的嗯嗯嗡嗡聲，不斷變化它的強度。時而突如其來地拔尖一呼，深深衝擊牠的神經和感官，令牠緊張不安，時時刻刻擔心緊接下來又會發生什麼事。

牠看著人們來來去去在營區附近走動。恰似人類仰望他們創造出來的神明，白牙遙遙向眼前這些人類行注目禮。一如人們心目中的神仙，白牙隱隱約約認定人是奇蹟創造者。他們是主宰者，擁有一切未知的形式，以及不可思議的勢力；他們是生物與非生物的霸主，讓會動的乖乖聽話，不會動的動起來，還賦予枯死的青苔、木頭生命，成為太陽色、會咬人的生物。他們是生火者！他們是神！

第二章　束縛

這段日子裡，白牙的生活中塞滿了經驗。在姬雪被綁在棍棒一頭的時間內，牠帶著探詢、研究、好學的精神跑遍整個營區。很快地，牠了解到許多人類的習性，卻沒有因爲熟悉而產生輕視。牠愈是深入了解他們，愈發現他們的確很優；愈看到他們展現神奇的力量，愈覺得他們如同神一般。

對人類而言，看到自己的神明被推翻，神殿被摧毀，通常會很悲傷；但對於匍匐在人們腳跟旁的狼和野狗來說，這種悲傷是絕不會有的。牠們和人不同。人類的神是無法看見、揣度不出，背離現實、虛無縹緲的氤氳煙霧，是人心嚮往的善與力之游魂，顯現在心靈國度中不可觸摸的自我。而來到營火邊的狼和野狗就不同。牠們的神仙有血有肉有形體，可以觸摸占據地方，需要時間來完成他們的目標與存在。

信奉這樣的神明用不著努力去營建信心；而無論再如何運作意志力，也不可能不相信這樣的神存在，更休想自祂手中逃脫。祂站在那兒，兩隻後腳立在地上，手中握著棍棒，勢力無遠弗屆。祂情緒化、易動怒、心慈愛，被撕破時會流血、看起來和所有肉食一樣可口的肌肉四周層層包裹著神性、神秘與力量。

白牙心中也存在這種觀念。毫無疑問，人類必定是神明。既然牠的母親一聽到他們喊叫就自動輸誠，於是牠也開始表示忠順。牠把行走道路當成人類的特權；他們一走，牠必定自動退避。聽到人類呼喚，牠乖乖走上前來。受到他們威嚇，牠會伏在地下，一旦人們命牠滾開，牠就急急忙忙地跑遠。因為隨著他們旨意而來的，便是強制執行的力量；這力量憑藉拳頭、棍棒、飛來的石頭和刺痛的皮鞭施展，動輒對牠造成傷害。

就像所有的狗都屬於人類，白牙也隸屬於他們。牠處處聽從他們之令而行事。牠的身體是他們毒打、猛踹、凌虐的對象。這種教訓很快便烙印在牠心田。

那滋味不好受；它與強烈支配著牠的天性相違悖；牠在漸漸了解它之中產生厭惡，卻也在不知不覺間逐漸學會喜歡它。那是把自己的命運交到別人手中；一種賴掉生存負擔的方式。這教訓本身便是一種報酬，因為依賴他人總是比獨自承擔要來得輕鬆。

不過牠也不是在一朝一夕間便把自己的身體與心靈完全託付給人類。牠無法立即離棄野性的遺傳，忘懷荒野的記憶。有好一段日子裡，牠時常悄悄來到森林邊緣，聆聽遠方遙遙呼喚牠的某種聲音，然後惶惑不安地回到姬雪身邊，輕柔渴盼地嗚咽，用牠那熱切而疑惑的舌頭舔舔母親的臉。

白牙一下子便了解營區的種種情況，曉得當人們拋來餵食的魚、肉時，那些大狗是多麼貪婪、不公平。牠漸漸看出男子比較公正、小孩比較殘忍，而婦女心腸比較好，比較會扔塊肉或骨頭給牠吃。同時在三、兩次冒險與那些半大幼犬的母親相抗的痛苦遭遇後，牠深刻體會到唯有不去招惹那些母狗，儘量遠遠避開牠們，一見牠們走來，立即走避才是上上策。

然而白牙生活中最大的禍患卻是利嘴。對方仗著自己體型大、年紀長、生得又強壯，於是選定白牙做爲專供迫害的對象。白牙雖然很樂於與牠對陣，只是對方體格太魁梧，每次打架白牙總是輸的份。利嘴成了終日糾纏白牙的夢魘。只要牠膽敢離開母親的身旁，那條惡棍便會如影隨形地跟蹤而至，對牠咆哮、找牠麻煩，小心翼翼逮個附近沒有人類的機會欺身撲去，強迫牠應戰。由於利嘴每戰必勝，自然樂此不疲。於是這成了牠生活最大的樂趣，也成了白牙最大的折磨。

然而白牙卻不因此而驚嚇畏怯。雖然受傷的幾乎都是牠，打輸的更全部是牠，牠卻依然鬥志高昂。只是這對牠也產生一個壞影響——牠的性情變得惡毒又陰沈。雖然白牙天生就是兇狠的個性，但在日復一日的迫害下卻變得更加蠻橫。

原本和悅、好玩、孩子氣的一面現在難得顯現，就連一次也不曾跟營裡其他的小狗嬉耍、遊玩。利嘴不允許這種事發生。每當白牙出現在牠們附近，利嘴便會出來作威作福欺侮牠，或者和牠打架，直到把牠趕走才甘心。

這種種因素磨滅了白牙許多童稚的心性，也使牠的舉止行爲顯得比實際年齡更老成。既然無法經由遊戲發洩過剩的精力，牠便縮在一旁發展自己的心智。白牙變得很狡猾；牠有得是空閒時間可以設想種種的詭計。每當營中普遍餵狗時，牠的那一份魚、肉往往根本沒機會吃到，於是牠成了一名機靈的竊賊。牠不得不替自己搜尋食物，而且收穫好極啦，結果往往成爲婦女的災星。牠學會躡手躡腳、老奸巨滑地在營地間鑽進鑽出的，也學會打探營裡各處都在進行些什麼，樣樣觀察、聆聽後思索，同時設想種種巧妙的方法、手段來躲避那與牠積怨已深的迫害者。

在剛剛遭受對方迫害不久後，牠便要了一次十分高明的大詭計；初嘗報復滋味的詭計。一如當初姬雪和狼群在一起時，曾經將人類營區的狗誘出再撲殺，白牙也施展類似的手段將利嘴誘騙到姬雪復仇的嘴巴前。

牠在利嘴面前節節後退，卻又不直接逃跑，反而在營地裡的各項帳篷間一忽兒進，一忽兒出地四處亂竄。牠本是一隻飛毛腿，速度比起所有大小相近的小狗都要快，甚至還比利嘴快得多。但在這場追逐中牠卻沒有全力以赴，反而刻意放慢步伐，永遠只領先牠的追兵一大步。

利嘴追逐手下敗將、加上雙方距離始終很接近，情緒亢奮之餘壓根兒忘了謹慎提防、還有自己在哪裡。等牠想起身在何處已經太遲了，正當全速繞著某頂帳篷橫衝直撞的牠一把衝到躺在繫棒盡頭的姬雪前。牠驚愕地尖叫一聲，隨即被姬雪懲戒的嘴巴狠狠咬住。雖然對方被綁著，可是利嘴也沒能輕易地脫身。姬雪把牠翻個四腳朝天讓牠跑不掉，再用一口長牙一遍遍對牠又扯又咬。

好不容易牠終於一路滾出姬雪攻擊的範圍，這才毛髮蓬亂、身心俱傷地爬起來。沾著滿身泥巴的利嘴，在被姬雪咬過之處的毛髮全都向上翻起。牠站在剛爬起的地方，張著嘴巴，發出傷心、童稚的長嗥。但即使是這樣，牠也還沒完全脫離對方的報復。就在牠哀號到一半，白牙又飛快衝過來咬住牠後腿。利嘴早已喪失了鬥志，慚惶無地地邁步逃跑了。而白牙卻沿路窮追不捨，一直追到利嘴自己的帳篷，篷內的婦女跑出來解危，已經轉化為憤怒惡魔的白牙才被一陣如雨而下的石子趕跑開。

終於有一天，灰鬍子認為姬雪一定不會想要逃跑了，於是解開牠頸上的皮繩。白牙很高興與母親重獲自由，開開心心陪伴牠在營區附近四下走動；而只要這對母子相依相隨時，利嘴就一定對牠倆敬而遠之。牠可不是隻笨蛋；不管心裡有多麼殷切渴望要復仇，也會耐心等到逮著白牙落單時再說。

當天稍晚，姬雪與白牙相偕來到營區旁邊那片樹林的邊緣。那是白牙故意一步步引著媽媽過來的；到了樹林邊，姬雪停住腳步，白牙卻想引誘母親繼續向前走。那小溪、那狼窩、那寧靜的樹林都在向牠召喚，牠希望媽媽能回來。牠跑幾步，停下來，回頭張望——媽媽沒移動。牠哀求似地嗚咽，又淘氣地在矮樹叢間衝進衝出，再跑回母親身邊舔舔牠的臉，然後再度向前跑。可是媽媽還是沒有動。白牙停下腳步瞅著牠，見牠回頭向遙遠營區凝望，白牙滿腔的意圖、熱情全都慢慢消褪了。

曠野中有著某種聲音正在呼喚白牙；姬雪也聽到了。但牠還聽到另一個更響亮的呼喊——營火與人的呼喊——那捨卻所有動物，只要狼來回應的呼喊——只要本是兄弟的野狗，還有狼。

姬雪轉過身去，緩緩朝著營地跑。營區對牠的羈絆，遠比棍棒加諸肉體的限制更有力。那些神明依舊運用他們的勢力，無影無形、神秘難解地緊抓著姬雪，不肯放開牠。白牙坐在一株樺樹樹蔭下輕聲哀泣著。牠鼻中聞到濃濃的松木味，空氣中瀰漫著淡淡木頭香，提醒牠回想還未受到束縛以前那段自由自在的舊時光。但牠畢竟不過是匹半大不小的幼狼，母親的呼喚遠比人類和荒野的呼喚更有力。在牠短短生命中，無時無刻不是依賴牠母親，距離獨立還有好一段時間哩。因此牠站起身來孤單淒涼地朝著營地走，途中偶爾坐下一、二次，嗚嗚咽咽地聆聽依舊在林木深處響起的呼喚。

荒野中，母親與孩子相處的時日不久長，而在人類的統治支配下，有時甚至更短暫。白牙的處境正是這樣。灰鬍子欠了三鷹債，而三鷹又即將沿著麥肯錫河前往大奴湖。灰鬍子利用一方紅布、一張熊皮、二十發子彈，外加姬雪償清他的債務。白牙看見母親被帶往三鷹的船上，一心只想跟牠走。三鷹一拳揮來，把白牙打回陸地上。

小舟被推離河岸了。白牙跳到水中，跟在獨木舟後面游動，充耳不聞灰鬍子要牠回來的厲叫。失去媽媽的恐怖太令牠震駭，白牙甚至連牠們眼中的神——人類——都已不放在心上。

但神明卻是習慣大家對他言出必從的，於是灰鬍子登上一艘獨木舟跟在後面追趕。等他趕上白牙後，立即彎下腰去揪住小狼的頸背，將牠拎出水面來。他並沒有馬上將牠放在小舟裡，而是一手拎著，一手打過去。那的確是頓好打。他出手極重，每出一拳都是一陣難當的劇痛，而他就這樣一記接著一記連連毆打無數下。

暴雨般的拳頭一下子從左、一下子從右方揮來，白牙就像一只急促抽動的鐘擺般不斷來回回地晃動。牠心中湧起波波不同的情緒。先是驚訝，接著是一陣短暫的畏懼，促使牠在挨揍之中發出幾聲悲哀的尖叫。然而很快地那害怕的情緒便被憤怒所取代。自由的天性在此時閃現。牠齜牙咧嘴，當著怒氣騰騰的神面前無畏地咆哮。而這只會使那神的怒焰更高漲。他的拳頭揮得一拳比一拳快，一拳比一拳重，一拳比一拳更疼痛。

灰鬍子不斷毆打，白牙聲聲咆哮。但這局面不可能永遠僵持下去，總有一方得投降；而投降的一方是白牙。牠的內心再度湧起恐懼。這是牠第一次真正任由人類宰割；先前偶爾經歷過的幾記棒打、石擊和這相比簡直就像撫摸了。白牙再也支撐不下去，開始哀哀哭號和尖叫。最初灰鬍子打一下牠就叫一聲；然而畏懼很快地便轉化爲驚懾，牠的哀嚎也不再配合懲罰的節奏，變成一長串連綿不絕的慘叫。

好不容易，灰鬍子終於收了手。白牙全身軟癱癱地懸在半空中繼續哭叫。牠的主人似乎很滿意，隨手將牠粗魯地摔在船板上。這段時間裡，原本獨木舟一直順溪漂流而下。此時灰鬍子操起船槳，正好白牙擋在那裡，他便殘暴地一腳踹過去。一時間白牙不受拘束的天性再度閃現，張開嘴狠狠咬住那隻穿著鹿皮鞋的腳。

剛剛牠所受到的那頓痛毆和現在一比根本就是小巫見大巫。灰鬍子氣憤到了極點，白牙的驚慌也到了極點。牠身上受的不只是拳打，還有堅硬的木槳在杖打；等牠再一次被拋在船板上，小小的身軀早已慘不忍睹、遍體鱗傷。接著灰鬍子又故意再踢牠一腳；白牙可不敢再發動攻擊了。牠對自己的束縛又多學到一課。那就是不管在任何情況下，絕對不要大膽去咬統治、主宰自己的神；主人的身體是神聖的，絕不容許像牠這等動物的牙齒褻瀆。那顯然是萬惡之首，犯下此罪者絕不容寬恕或輕饒。

獨木舟靠岸後，白牙動也不動地趴在船板上等待灰鬍子的旨意。灰鬍子的旨意是要牠上岸；他把白牙拋到岸上，重踹牠的腰側，使牠嚴重的瘀傷又多添一層傷害。堤岸邊的利嘴觀賞全過程，飛也似地衝上來對牠一陣亂踢加狂咬。白牙早已虛脫得沒有半絲力氣可抵抗，倘若不是灰鬍子一腳狠狠把利嘴踢到半空中，摔到十餘碼外的地上，白牙還不知要吃多少苦頭呢！這便是人類的公正處；這個時候，即使白牙自己是那麼可憐兮兮的，心裡也還不免湧起一陣感激哩！牠乖乖跟在灰鬍子腳跟旁，一跛一跛地穿過營區回到自家的帳篷。就這樣，白牙明瞭「處罰」是專屬神們的權利，比他們低等的生物無權執行這件事。

到了夜晚，萬籟俱寂。白牙憶起母親，不禁爲之哭啼。因爲啼聲太響吵起灰鬍子，又被痛打了一頓。從此以後只要附近有神，牠就只敢暗自追念。不過有時牠也會獨自跑到樹林邊緣，大聲抽泣、哀嚎，宣洩內心的悲傷。

這段期間，牠本可能傾聽來自獸窟、溪流的往事，奔回無拘無束的荒野。但對母親的回憶使牠克制住衝動。牠心想既然獵人往往出去一陣之後又回來，那麼有朝一日，母親必會再返回。因此牠甘願繼續受束縛，殷殷等候母親再回到身邊。

不過牠的束縛也未必全是抑鬱不樂的，其中還是有不少趣事。日常生活中總會發生一些事。神們所做的奇怪事情沒完也沒了，而白牙總是好奇地看著。再說，牠也漸漸學會如何和灰鬍子和睦相處了。只要乖乖的、不出差錯、一舉一動服服帖帖，那就對了；相對的，牠便可以免於遭受毆打，牠的存在也就可以被容許。

不止這樣，灰鬍子有時也會親自丟塊肉給牠，替牠擋掉別的狗，不讓牠們搶吃這塊肉。這樣的肉彌足珍貴。不知怎麼，感覺上它要比婦人手上拋出的十塊肉加起來都還有價值。

灰鬍子從不撫摸、寵愛牠。也許那是因爲他的手太重，也許是爲了公平。也許是他那絕對的權力，也或許這一切全對白牙產生影響；在牠和牠那粗暴的主人間已形成一種密不可分的連繫。

藉著棍棒、石頭的威力，拳頭的毆打；藉著許多依稀彷彿的方式，束縛白牙的桎梏暗暗銬住牠。同類的特質——那在最初促使牠們能夠驅近人類營火的特質是可以發展的。

這些特質在白牙體內滋長著，而營地裡的生活雖然充滿悲慘，卻也悄悄地和牠建立一種親密的關係，只是白牙自己不知覺。牠只知道爲失去姫雪而憂傷，盼望牠能夠回來，而且強烈渴望回到過去那種無拘無束的日子。

第三章　流放者

利嘴持續不斷和白牙過不去，造成白牙的個性遠比天生應有的性情更加兇暴惡毒。殘暴本是天然生成，然而殘暴到那種程度卻遠遠超乎牠的本性。即使是在人類之間，牠的惡毒也是聲名遠播。只要營裡一有麻煩、喧囂，打架、爭吵，或者某個女人因爲失竊一塊肉而大聲嚷嚷，必然會發現白牙牽涉其中，而且通常惹事的就是牠。他們只看結果，懶得探究造成牠動輒搗亂的原因，而結果自然是壞的。

牠是個竊賊、鼠輩，是個搗蛋鬼，是個惹是生非的禍源。每當牠機警地瞅著婦女們，準備閃躲飛速擲來的石頭之類的東西時，那些女人總是指著牠鼻子大罵牠是一匹一文不值的野狼，註定要成爲一個大壞蛋。

牠發現自己在人、狗眾多的營區中成了一名流放者。所有的小狗全都以利嘴爲榜樣；白牙和牠們之間有著一層隔閡。也許是牠們嗅出牠來自荒野的出身，本能地對牠產生家居狗對於野狼的敵意。總之，牠們全在利嘴對牠的欺凌之中湊一腳。而只要曾經和牠公然爲敵過的，便覺得找牠尋釁乃是理所當然。

這群小狗一隻隻動不動就來試探牠牙齒的威力；而讓牠光彩的是牠咬對方的遠比被咬的時候多。營中絕大多數的小狗若是單打獨鬥，絕對打不過白牙；可惜單打獨鬥的機會輪不到牠頭上。只要牠一和某隻小狗單獨對上，全營的小狗都會馬上跑來攻擊牠。

白牙從這種群體壓迫中學到兩件事：如何在一團混仗中照顧自己，以及如何在最短時間內針對某隻小狗造成最大的傷害。在群敵之間只要不跌倒就能生存，這一點牠十分清楚。牠變得像貓一樣，隨時都能立穩自己的腳跟。縱然那些大狗能夠仗著自己的體重將牠往旁，或者往後撞，讓牠凌空或者在地上向旁，或向後移動，但牠總是能夠保持四肢朝下、首先著地。

一般的狗打起架來，在正式開戰前必定有些前奏——譬如咆哮、聳毛、四肢硬挺支地，但白牙學會把這些前奏全省略。牠必須迅速地一擊中的、馬上跑掉。於是牠學會沒有任何前兆就飛身往前衝，在敵人根本還來不及準備應戰前，張嘴即咬、伸爪即抓。也因此牠學會如何在瞬間帶給對方嚴厲的傷害，了解「突襲」的價值。一條鬆懈戒備、還不曉得出了什麼事就被咬得皮開肉綻的狗，就是一條輸了一半的狗。

再說，打倒一條遭受奇襲的狗是件易如反掌的事；當對方因此而被撞倒後，一時之間必定會暴露頸下柔軟的部分——也就是最易遭受攻擊的致命點。白牙深知這個致命要害；那是直接因襲自代代狩獵的狼族祖先而來的知識。因此白牙發動攻擊的策略是：首先，找到一隻落單的小狗。其次，突襲小狗，把牠打倒。第三，用自己的牙齒咬住對方柔軟的喉嚨。

由於牠才半大不小，上、下顎長得既不夠大，也不夠有力，無法把對方咬死；但從許多喉頭帶傷在營區附近走動的狗身上看來，白牙的企圖也就昭然若揭了。有一天，牠在樹林邊緣逮著一隻落單的敵人，於是，一再打倒對方、不斷攻擊那小狗的喉嚨，終於咬斷了牠的大動脈，奪走牠的命。那一夜，營地裡掀起一場軒然大波。有人看見白牙的罪行，將消息送達死去那條狗的主人耳中，婦人們也一一回想起白牙三番兩次偷肉的事情，於是灰鬍子陷入一片憤怒的交相指責中。但他卻無動於衷地緊閉大門，把罪犯安置在篷內，不容許族人們來復仇。

如今的白牙在營區已經惹得人神共憤。在牠成長的階段中，無時無刻不是處在險境裡。每條狗的牙齒、每個人的手都與牠為敵。同類們見了牠總要高聲咆哮，牠的神們則不是丟石頭就是咒罵。牠生活得緊張兮兮，隨時隨地提高警覺，既要留神攻擊良機，又要謹防遭受攻擊。牠得留心出其不意、突然飛來的石子，還得預備沈著地採取猝不及防的行動，撲上去猛咬一口，再兇惡地咆哮一聲然後衝開。

說到咆哮，白牙可以咆哮得比全營老老小小的狗都恐怖。咆哮的用意，原於警告或驚嚇，何時適用需要經過正確的判斷。白牙深知何時該咆哮，怎麼咆哮最嚇人。牠的咆哮聲中，集惡毒、兇狠、恐怖於一身。牠的鼻子不斷一收一放地抽動，長毛一波一波地豎起，舌頭像條赤蛇般忽伸忽縮，兩耳往後平貼，眼中閃著仇恨的光焰，嘴角向後咧，長牙外露、淌著口水，幾乎所有攻擊者一見，都會不由自主地停頓一下。在戒備鬆懈的狀況下，只要有這短短的停頓，就足夠牠思考並決定採取什麼行動因應。但這樣的暫停往往都會延長許久，最後陷入止戈息兵的狀態。而在不少大狗面前，白牙的咆哮也足以使牠光榮撤退。

流放於那群半大不小的狗群外的白牙，殘暴的手段與接近百發百中的攻擊讓欺凌牠的傢伙們付出了代價。本來是狗群不許白牙和牠們一起奔跑，結果卻奇異地演變成沒有一條小狗敢脫隊——白牙不容牠們脫隊。牠那些林邊奇襲、半路埋伏的伎倆，嚇得小狗們都不敢獨自亂跑。除了利嘴外，牠們全都不得不成群結隊，互相幫忙抵抗這自己招來的大敵。倘若一條小狗獨自跑到河邊，那便意味著那條小狗即將死亡，再不然便是全營因牠倉皇自攔路打擊的小狼利齒逃脫時，那陣陣驚駭、痛苦的厲叫而驚動。

但儘管小狗們已經徹底明瞭牠們必須時時刻刻聚集在一起，白牙的報復行動卻沒有因此而停止。牠趁逮著牠們落單的時候攻擊，牠們則利用「狗」多勢眾時攻擊牠。這些小狗只要一見牠就會拔腿追趕，而牠那飛一般的速度卻往往能夠使牠化險為夷。只是，唉！那些在追逐中脫離同伴的小狗可就慘嘍！白牙早已學會突然折返過身來，趁著大隊狗群還沒趕上之前狠狠把一馬當先的追逐者撕咬個夠。這種事情屢見不鮮；因為那些小狗只要幾聲呼號就會激動得忘形；但白牙可不會。牠總邊跑邊偷偷地往後瞄，隨時準備掉頭撲咬興奮過頭，超前同伴太多的追兵。

小狗天生是愛玩的。在無數危急局勢中，牠們藉著這模擬戰況體會遊玩的滋味。於是追捕白牙成了牠們主要的遊戲——也是生死交關，絕對玩笑不得的遊戲。相反的，腳程最快的白牙反而可以大膽地走到哪裡也不怕。

在這段苦等母親回來而不得的日子裡，牠率領狗群跑過一座又一座的樹林，不知打過多少次瘋狂的追逐戰。然而那群小狗註定追不上。當牠像牠的父母一般踩著天鵝絨似的足印，像道穿梭於林木間的暗影般獨自靜悄悄奔跑時，小狗們的喧嘩、嗥叫聲自會提醒牠小心牠們的來到。更何況，比起牠們，牠與荒野間更密切相連，也比牠們更了解荒野中的種種奧秘與詭譎。牠最愛玩的花樣之一便是藉著流水湮滅自己的足跡，然後靜靜趴在附近樹叢聽牠們大惑不解的叫聲。

深受同類與人類痛恨的白牙不斷被迫應戰，也不斷挑起戰爭。在這樣的環境下，牠的成長是快速而片面的。那絕對不是能讓和善與摯情之花開放的沃土。對於和善、摯愛，牠絲毫沒有一點點概念，只曉得服從強者，壓迫弱者這一條法則。灰鬍子是神、是強者，因此白牙乖乖聽他的。但比牠幼小或嬌小的狗是弱者——是要被消滅的角色。牠的成長全然偏重在力量方面。爲了應付傷害，甚至死亡的危險，牠的掠奪以及防衛能力異乎尋常地發展。

牠變得比所有的狗行動更敏捷、腳步更飛快，比牠們更狡猾、更具奪命力、更具有鋼鐵般堅硬的肌肉與肌腱、柔軟度更好、更有耐力、更殘酷、更兇猛，也更有智慧。牠必須具備這一切，否則不但無法保住自己的地位，也難以在這充滿敵意的環境中倖存。

第四章　神的行蹤

入秋以後，白晝愈來愈短，空氣中也夾帶著料峭寒霜。好不容易，白牙終於有了自由的機會。幾天來，村子裡處處都是喧鬧聲。夏令營區逐漸潰散，部落居民動手收拾裝備、行囊，準備啓程展開秋季的狩獵。白牙帶著焦渴的眼神在一旁觀望。看見人們拆除帳篷，河灣裡的獨木舟裝載起行李，白牙全都明白了。此時獨木舟一艘艘開走，有幾艘已然順流漂到視線外。

白牙經過幾番深思熟慮決定留下來。牠靜待良機，悄悄溜出營區跑到樹林裡，藉著開始凍結成冰的溪水隱藏自己的足跡，然後跑到一簇濃密的樹叢中心等待。

時間一分一秒過去，白牙斷斷續續睡了幾個鐘頭，最後被灰鬍子大聲呼喊牠名字的聲音吵醒。除了灰鬍子的喊叫，還有其他的人聲。白牙聽到他的女人和兒子米沙也都加入搜索的行列。

白牙嚇得全身顫抖，衝動之下差點爬出牠藏身的地方，最後還是忍住了。不久人聲漸漸消逝，再過一段時間，牠才爬出樹叢爲自己的成功而陶醉。暮色漸濃，徜徉於自己天地中的白牙在樹林間玩耍了好一會兒。突然間，孤獨寂寞一湧而上。牠坐下來細細思索，聆聽著森林的寂靜，心情亂紛紛。沒有聲響，沒有動靜，感覺像是籠著層陰影。牠覺得附近潛伏著某種看不見、猜不透的危險，懷疑一株株樹木與幢幢暗影龐大朦朧的形軀中，說不定隱藏著各式各樣的危機。

後來氣溫變冷了，四周又沒有一頂帳篷可以緊挨著取暖。白牙腳下踩著冰霜，兩隻前腳不斷左、右輪流抬起，毛絨絨的尾巴也繞到前面來護住它們。在這同時，牠看到一幅幻像。此事不足爲奇。在牠的心目中，深深烙印著一連串記憶的畫面。牠再次看到營地，看到一頂頂小帳篷，還有一處處營火的光焰。牠聽到女人高八度的尖嗓子，男人低沈沙啞的咕嚕聲，還有營中狗群的吠叫。牠餓了；想起人們抛給牠吃的肉和魚。這裡沒有肉——除了既駭人又不能吃的寂靜，什麼也沒有。

過去的束縛軟化了牠的性格，沒有責任的日子使牠變得柔弱。牠早已經忘記如何自謀生計。夜色帶來睏意。牠那習於營中的忙亂擾嚷、適應了影像、聲音不斷衝擊的五官此刻已然遲鈍。這裡沒事可做，也沒有任何東西可以看或聽。

白牙睜大眼睛、豎起耳朵想要捕捉一點打破大自然的寂靜與穩定的東西，然而這些感官卻因周遭的無聲無息與大禍將臨的感覺而驚駭。

一抹不成形狀的龐然大物飛掠過白牙的視野，讓牠大吃一驚。原來是閉月的烏雲片片散去，月光投照在一株樹木上，灑下大片的樹影。白牙好不容易安了心，開始輕聲嗚咽起來；後來爲了怕引起那潛藏危機的注意，牠又強自壓抑住嗚咽。

一株在寒夜中凍得收縮的樹發出一聲巨響，聲音就在白牙的正上方。牠嚇得大聲地嘷叫，整顆心慌成一團，拔腿朝著印第安人的聚落拚命狂奔。牠的內心有股控制不住的欲望，想要尋求人類的保護和陪伴。牠的鼻孔中充滿營地的煙火味，耳裡聽到營地的聲音與叫喊在大聲地響。牠衝過森林，來到沒有影子、沒有陰暗，只有月光照耀的空地，眼中卻沒望見人類的聚落。牠忘了，聚落早已經解散。

牠猛然煞住狂奔的腳步。現在牠已無處可逃，只有形單影隻地悄悄穿過荒廢的營地，嗅著一堆堆垃圾和神們棄置的破布及零零碎碎的東西。這個時候若是有某個憤怒的婦人丟來的石子在牠身邊咻咻響，若是盛怒的灰鬍子一拳揍在牠身上，牠都會覺得欣喜若狂；就算見到利嘴和那群整天咆哮的膽小鬼，牠也會高高興興地歡迎。

牠走到原先灰鬍子帳篷所在的地方，在那塊空地的正中央坐下來，仰起鼻尖對著月亮。牠的喉頭陣陣痙攣，張著嘴巴，發出一聲傷心的號啕。那號啕聲中滿含牠的孤寂與恐懼，牠對姬雪的憂傷，還有過去種種心酸與憂愁，以及對即將來臨的危險、苦難懷抱的恐懼。那是一聲渴切、嘹亮，長長的狼嘷，也是白牙第一聲真正的嘷叫。

白晝的來臨驅走了牠的恐懼，卻也加深牠內心的孤寂。眼前這片不久之前仍是人狗聲喧的空盪盪土地，使得心頭的孤獨寂寞更強烈。白牙不久便下定了決心，衝進森林，沿著河岸奔到小溪流。牠奔跑一整天，停也沒停下來休息，彷彿打算就這麼永遠跑下去。牠那鋼鐵般的身體渾然不覺疲乏。即使是在疲乏來襲後，得自遺傳的耐力也催促牠無休無止的努力，驅策倦怠的身體再向前。

蜿蜒的河流流貫一座座陡峭的絕壁，白牙爬上了其後的高山。遇到河水、小溪注入主流處，牠便游泳或者涉水而過。白牙經常踩到剛剛形成的薄冰，而且不止一次踏破冰面，在冰冷的急流中掙扎求生存。一路上，凡是遇有可以離開河流朝向內陸前進的地方，牠便仔細留意尋找神們的蹤跡。

白牙遠比一般同類要聰明；然牠的心靈視野卻還沒寬廣到足夠擁抱麥肯錫河的對岸。萬一神們是從對岸走的，那該怎麼辦？白牙從未想到這問題。也許等到以後，等牠走過更多旅程，長得更大、更聰慧，認識更多路徑與河流，牠會掌握並且了解這樣的可能。但目前牠還沒有那麼高的智力。所以現在牠只是盲目地奔跑，腦中想到的也只有自己所在的麥肯錫河這一畔。

白牙徹夜奔跑，在黑暗中撞上不少障礙和麻煩。這些雖然耽擱牠的行程，卻沒有把牠給嚇倒。到了第二天中午，牠已經持續奔跑三十個小時，鋼鐵般強健的肌肉漸漸地虛耗，唯有心理的耐力激勵牠繼續向前奔。牠已經四十個小時沒有吃東西，餓得全身沒力氣。三番兩次浸在冰冷的河水中也叫牠吃不消。原本漂亮的長毛現在濕又髒，寬厚的腳趾也受了傷、流著血，早已一拐一拐的步態隨著時間愈跛愈厲害。更糟的是原本明亮的天色也暗了，天空開始飄下雪花來——那陰冷、潮濕、滑不溜丟、黏腳的雪，遮掩了牠前方的地勢，覆蓋住地表的坎坷，讓牠奔跑起來更辛苦，四隻腳更疼痛。

灰鬍子原本打算當晚在麥肯錫河對岸紮營，因為那是前往狩獵場的方向。但是就在天快黑以前，灰鬍子的女人克魯–庫姬遙遙望見有隻麋鹿跑到這岸的岸邊來飲水。倘若不是那隻麋鹿跑過來喝水，倘若米沙沒有在大雪中把船駛偏了，倘若克魯–庫姬沒有瞧見那麋鹿，又倘若灰鬍子不曾幸運地一槍射殺那麋鹿，以下的發展就會完全不同了。

那麼一來，灰鬍子就不會在麥肯錫河的這一岸紮營，白牙就會繼續跑下去，不是死，就是遇到牠那些野性的兄弟，成為其中的一員——終其一生當野狼。

夜幕低垂，雪勢愈降愈密了。白牙暗自輕聲地嗚咽，跌跌絆絆，一跛一跛向前走，忽然在大雪中辨識到一股極其新鮮的蹤跡，而且一下子就認出那蹤跡是什麼東西留下的。

白牙急切地低聲哀鳴，循著那蹤跡由河畔走到樹林間。牠聽到營地的聲音，看見營火的光芒。克魯–庫姬正在煮東西，灰鬍子蹲在地上嚼著一塊生脂肪。營地裡有新鮮的肉食！

白牙以爲準要挨頓揍。想到這個，牠伏低了身子，長毛微微往上豎，然後繼續向前走。對於即將到來的毒打，牠既害怕、又厭惡。然而牠也知道，除了挨打，牠還可以享受營火的溫暖，神們的保護，以及狗群的交往——縱然那是敵對的交情，但至少還是種交往，可以滿足牠群居的需要。

牠躡手躡腳爬進火光照耀範圍內。灰鬍子看到牠，停止咀嚼口中的生脂肪。白牙卑躬屈膝、恭恭順順地匍匐在地，一小步、一小步畏畏縮縮朝著灰鬍子爬過去，每一小步都比前一小步爬得更慢、更痛苦。終於，牠趴在主人腳跟旁，心甘情願、自動自發地將自己的身體和心靈全部奉獻他。這是牠自己的選擇——來到人的營火邊坐下，準備接受那人的控制。白牙全身顫抖，等候處罰降臨到身上。

頭頂上方的手動了動，白牙心想馬上就要挨揍了，身體不由自主地縮一下。但牠並沒有挨揍。白牙偷偷往上瞄一眼。灰鬍子正把一塊脂肪撕扯成兩半，隨手把其中一半丟給牠。白牙帶點兒狐疑，輕輕嗅著那脂肪，然後吃了它。灰鬍子吩咐旁人拿肉來餵牠，又親自守在那兒不讓別的狗來搶食。

吃完食物，白牙既感激又滿足地臥在灰鬍子的腳邊，注視著溫暖的營火，眨著眼睛，打起瞌睡來。牠知道明早自己將會置身於人類的營地，和牠剛剛歸服、依靠的神們在一起，不再孤孤單單在綿亙無盡的荒涼森林中漫遊，於是牠徹底放心了。

第五章　契約

十一月過了一大半，灰鬍子上溯麥肯錫河展開一趟旅行。米沙和克魯－庫姬隨他一道前往。灰鬍子親自駕馭一部由換來或借來的狗所拉的雪橇。另一部較小的雪橇由米沙駕駛，拉車的是一整隊小狗。雖然這好像在辦家家酒，但是米沙還是很開心，因爲他覺得自己在開始從事一件大人的工作了。另外，他還可以趁機學習如何駕馭、訓練狗，而這群小狗也可以學著拉雪橇。再者，這部雪橇裝載將近兩百磅的裝備和食物，多多少少幫上父親一點忙。

白牙看過營中的狗群套著挽具辛勤跋涉，因此，初次套上韁繩，綁上肚帶並不會覺得太反感。牠的脖子被套上一個塞著青苔的項圈，項圈上綁著兩條拖繩，和繞過胸部、拖在背後的繩子相連，然後再牢牢綁在拖雪橇的長索上。

負責拉這部小雪橇的共有七條小狗，另外六條都有九、十個月大。而白牙比牠們小，才只有八個月大而已。這些小狗分別由一條繩索繫在雪橇前，每條繩索長度各不相同，至少相差一條狗的身長以上，綁在雪橇前端的環扣上。

這部雪橇本身是用樺樹皮做成的平底滑雪橇，底下沒有滑板，前端向上翹起以免一頭撞進雪堆下。這樣的結構使得雪橇以及它所裝載的物品重量能夠分散在最大的雪面上。因爲現在地上的雪都只是晶瑩的粉末，而且非常柔軟。依據將重量分散在最廣範圍的相同原則，綁在雪橇前方的狗也都呈放射狀扇形奔跑，如此一來牠們的腳就不會重複落在別的狗曾經踏過的雪地上。

除此之外，扇狀組合還有另一項好處。那便是繩索長度互異可以防止後面的狗對前面的襲擊。倘若牠們想要互相攻擊，也只有前面的狗可以轉身攻擊繫繩短的狗。可是如此一來牠們就要正面衝突，而且前面那條狗還得挨車夫的鞭子。但最大的好處還在後方的狗若想攻擊前面的，就一定要把雪橇拖得更快才行。而雪橇速度加快後，遭受攻擊的狗自然也會跑得更迅速，所有的狗就非得加速奔跑才可以，附帶使得雪橇的速度驚人。就這樣，藉著狡猾的手段，人類也加深自己對這些牲畜的統御力。

米沙肖似他父親，不少父親深沈的智慧他也有。過去他曾觀察到利嘴欺侮白牙；但那時利嘴是別人家的狗，米沙頂多只敢偶爾偷偷扔牠一塊石頭。現在利嘴是牠的狗了，所以他便把牠綁在最長的繩索前來報復。

於是利嘴成了狗隊的領袖，外表看來顯得很風光；其實牠的風光全被剝奪了。原本在小狗群中帶頭爲非作歹的利嘴，現在成了整隊小狗痛恨、輕侮的對象。

因爲利嘴跑在最長的繩索盡頭，小狗們看見的永遠是牠在前方狂奔，見到的也只是牠那蓬鬆的尾巴和飛奔的後腿——那樣子遠遠不如牠豎起長毛、露出冷森的獠牙般兇猛可怕。再說一般的狗看到牠在前方奔跑，心理上自然而然會想跟在後面追逐，並且感覺牠是在逃避牠們的追捕。

每天只要雪橇一出發，整群小狗就會在後方拚命追趕利嘴，直到整個白天結束。最初利嘴基於憤怒和保衛自己的威嚴，還會放慢腳步，掉頭對付牠的追逐者；但這時米沙總會揚起他那足足三十呎長的軟鞭，熱辣辣地朝牠的臉揮來，迫使牠轉身繼續向前跑。利嘴或許可以挑戰小狗群，但牠無法挑戰那長鞭，唯一的辦法只有拉緊牠的長繩，永遠讓自己的腿腹保持在牠們咬不到的地方。

但這小印第安人腦中的詭計還不只如此呢！爲了刺激那群小狗不斷追逐牠們的領袖，米沙故意處處偏愛利嘴，以便挑起狗群的嫉妒和痛恨。當著別的狗面前，米沙常給牠肉吃，而且只給牠一個。這舉動更讓小狗們氣得快發狂。

當利嘴大口大口吃肉，米沙在一旁保護著牠時，小狗們只能圍在長鞭所及的範圍外乾生氣。而明明沒有餵牠吃肉時，米沙又偏偏把狗群趕到大老遠，讓牠們誤以爲利嘴有肉吃。

白牙欣然從事自己的工作。牠比別的狗多繞了好大一個圈子才歸順神們的統治，也比牠們更了解違抗他們的旨意沒有用。再說過去狗群的欺凌使牠根本不在乎牠們，反而比較重視人類的反應。牠還不懂得依賴同類來做伴，對於姬雪也漸漸淡忘了，現在最主要的情感宣洩管道，就只剩對牠視爲主人的人們表達牠的忠誠了。

因此牠勤奮工作，學習紀律，並且安分守規矩。忠實盡責還有心甘情願是牠辛苦工作的特色，也是野狼、野狗變成家畜必備的優點，而白牙的這兩項優點可以說是異乎尋常的強烈。

白牙與別的狗之間的確存在一種交往，只是那是一種敵對、戰鬥的交往。牠根本不懂得怎麼跟牠們遊戲，只曉得要如何打架。而現在牠就以比利嘴在當領袖時狗群對牠的抓扯、撕咬兇猛一百倍的打鬥來回報牠們。但利嘴已經不再是領袖——除了牠總是拖著雪橇、繃緊長繩，慌忙地奔跑在所有的同伴前。在營區裡，利嘴總是牢牢跟隨在米沙、灰鬍子，或克魯庫姬腳跟邊。牠不敢離開神們的身旁，因爲現在每條狗的長牙全部衝著牠，而牠也嘗盡從前白牙遭受欺凌那種苦頭啦！

利嘴地位不保後，白牙本來可以成爲狗群領袖的。但牠性情太陰沈、太孤立，根本不想當領袖，只愛攻擊自己的夥伴，再不然就是完全不理睬牠們。看到牠遠遠走來，這些小狗都會自動退避三舍，即使是膽子最大的也不敢搶奪牠的肉。相反的，爲了怕牠搶走自己的那一份，牠們還得狼吞虎嚥地吃掉自己的食物。欺壓弱者，服從強者——這條規則白牙太熟了。牠盡快吞下自己的食物，然後那些還沒吃完的小狗就倒楣嘍！只要一聲咆哮加上一露獠牙，那隻可憐的狗就只能忿忿不平地對著滿空星斗哀號，眼睜睜看著白牙吃掉自己的食物。

然而每隔一小陣子還是會有一、兩條狗鼓起勇氣來反抗，只是很快就被制服了。就這樣，白牙始終保持在備戰狀態中。牠非常珍惜自己在狗群之中孤立的地位，時常爲保衛它而戰。不過這種爭鬥總是一下子就結束。因爲白牙的動作實在太敏捷，別的狗往往還不知道出了什麼事，就被牠咬得皮開肉綻、鮮血直流，還沒開戰就被打敗了。

白牙對牠同伴的紀律，就像神們對雪橇隊的紀律一樣嚴明。牠壓迫牠們隨時隨地對牠保持尊重，絕不容許牠們踰越半步。在狗群之間，牠們愛怎樣就怎樣，全都不關牠的事。但是牠們絕對不能干擾到牠的孤立。當牠選擇走在大家之間時，牠們就得讓出路來，並且時時承認牠是征服者。只要小狗稍稍撐直腿，掀一掀嘴唇，或者豎一下毛髮，牠就會對牠們發動冷酷無情的攻擊，讓這些小狗立刻明白自己的錯誤。

牠是一個窮兇惡極的暴君。牠的統治如同鋼鐵般嚴格。幼年時期，牠和母親在兇惡的荒野中孤立無援地自食其力，爲求生存冷血無情地奮鬥，這段經驗對牠當然不無影響，而且牠也從中學習在有強者經過時要放輕自己的腳步。牠欺凌弱小，但尊敬強者。在追隨灰鬍子旅行這漫長的一路上，每當牠遇到陌生人類營中的大狗時，走起路來，必定都是輕手輕腳的。

這幾個月過去了，灰鬍子依舊沒有結束旅程。長途跋涉加上持續辛苦拉雪橇，白牙的體力要比原來強多了，就連心智也似乎發展得很健全。牠漸漸徹底了解自己生活的天地。牠的觀察現實而淒涼。在牠眼中，這個世界是片蠻橫暴力的天地，沒有溫暖，沒有一絲絲帶給心靈甜蜜滋潤的撫摸與鍾愛。

牠對灰鬍子沒感情。正確地說，他是神，卻也是個最野蠻的神。白牙樂於承認他的統治地位，但這地位是建立在優越的智慧與蠻橫的力量上。在白牙的心性中對這種統治多少存在些嚮往，否則當初牠也不會從荒野中跑回營地向他以示忠誠。在牠天性中，有著一些從未被人試探的深沈處。只要灰鬍子一句親切的言語，一個輕輕的撫摸，或許就能激盪這些深沈的角落。但灰鬍子既不會撫愛，也不說溫和的言語。這不是他的作風。他的風格無非是蠻橫；用蠻橫管理狗群，靠棍棒執行正義，藉著打擊的疼痛做爲犯規的懲罰。至於表現優異的，他的獎勵卻不是親善，只是免掉一頓打。

所以白牙根本不曉得人的手也能帶給牠莫大的快樂，反而變得不喜歡人的手。牠對它們懷抱著猜疑。沒錯，它們偶爾會拋下幾塊肉，但更常做的卻是傷害，因此牠必須躲開那些手。它們扔石子、揮木杖、甩長鞭、動棍棒，外帶拳頭和耳光。在陌生的聚落裡，牠還被孩子的手碰過，見識到它們殘忍的傷害，甚至有一次眼珠子險些被一個蹣跚學步的小娃子挖出來。出於這些經驗，白牙對所有的小孩都抱著懷疑的態度。牠無法忍受他們。當他們帶著不知會降什麼災禍的手走近時，牠就站起來。

在大奴湖畔的一個聚落裡，爲了報復人類的手所做的惡事，牠修改了從灰鬍子那兒學來的戒律——那條戒律為咬傷神的手是無可饒恕的罪行。在這個聚落裡，白牙遵循所有聚落中每一條狗的習俗到處蒐尋食物。當時一個小男孩正手持斧頭劈開一塊結冰的麋肉，肉屑飛到雪地上，覓食中的白牙於是走過去吃掉那些肉屑。牠看到那男孩放下斧頭，抄起一支結實的短棍。白牙連忙跳開，在千鈞一髮之際躲掉這一棍。男孩窮追不捨，而牠——這個聚落中的外來客——在兩頂帳篷間賣命奔逃，結果卻發現前面被一道高高的土堤擋住。

白牙唯一的退路就在那兩頂帳篷間，卻有那名男孩守著。他手拿棍棒一步步逼近，準備痛打這無處可逃的獵物。白牙發火了。牠的正義感遭受到殘踏。面對男孩，牠豎起長毛，怒聲咆哮。牠了解覓食的規矩。所有肉食的廢棄物——例如冰凍的肉屑——都屬於狗可搜尋的範圍。牠沒做錯，也沒犯規，但那男孩卻準備要痛揍牠一頓。盛怒中的白牙不知自己在幹什麼，而牠的動作又是如此神速，那男孩也不知出了什麼事。等他回過神來，才發覺自己已經被莫名其妙地撞翻在雪地上，拿著短棍的手也被白牙的利齒撕咬出好大的一片傷口。

白牙知道牠違反了神的法律。牠咬了某個神的神聖肉體，勢必逃不掉一頓最可怕的嚴厲懲罰。看到被咬的男孩夥同家人前來討公道，牠倉皇地趴在灰鬍子的腳跟後尋求保護。這一行人沒能報成仇就走了。灰鬍子護著牠：米沙和克魯–庫姬也一樣。白牙聽見他們唇槍舌戰，看到他們憤怒的樣子，知道自己的行為沒有錯。就這樣，牠學會神和神之間的差異。神分為自己的神和別人的神；這兩者之間有個不同的地方。自己的神不管公道或不公道，他們怎麼對牠，牠都得接受。但牠用不著被迫接受別的神對牠的不公。用牙齒報復他們的不公，是自己的特權。這也是神們的規矩。

這一天還沒過完，白牙對這項規矩已經了解得更透徹。那天米沙獨自到森林裡撿柴，遇到被白牙咬傷的男孩和其他幾個孩子在一起。他們相互叫罵，然後所有男孩聯手攻擊米沙。四面八方的拳頭如雨而下，米沙吃足了苦頭。最初白牙只是隔山觀虎鬥。這是神的事，和牠不相干。後來牠想到受人凌虐的是米沙——是自己的神，於是一陣衝動，不經細想就怒氣沖沖地撲入這群戰士間。

五分鐘後，一個個運腿如飛的男孩滿地奔逃，其中有好幾個男孩的鮮血滴在雪地上，顯示白牙的牙齒絕對沒閒著。等米沙回營把這段故事說給眾人聽，灰鬍子立即吩咐賞肉給白牙，而且犒賞了很多。白牙飽餐一頓，趴在火堆邊打盹，心知這條規矩已經得到證實了。

伴隨這些經驗，白牙又學會有關財物的規矩，以及保衛財物的職責。從保衛自己的神的身體到保衛神的財物是向前跨進一步，而這一步牠已經跨出去。爲了保衛自己的神的東西可以什麼都不顧——即使咬傷別的神也無妨。這種行爲本質上不僅是褻瀆神明，而且充滿了危險。神明是無所不能的，狗根本不是他們的對手；然而白牙還是學會無畏無懼、驍勇善戰地與他們交手，而那些好偷成性的神也都曉得千萬別動灰鬍子財物的腦筋。

很快地，白牙又學會一件與這相關的事情。那就是會偷東西的神通常特別膽小，往往聽到警告聲後拔腿就逃。另外牠也曉得一旦牠發出警告，灰鬍子將會馬上跑過來援助。漸漸地牠還知道竊賊逃走並非因爲怕牠，而是害怕灰鬍子。白牙的警告方式不是拉開嗓門高吠。牠從來不吠人，而是直接撲向闖入者，然後儘量用力咬他們。由於牠並不跟別的狗打交道，脾氣又壞，性情又獨立，格外適合守衛主人的財產。在這一方面，灰鬍子不但訓練牠，並且鼓勵牠爲所欲爲。而其結果之一便是讓白牙變得更兇狠、更剛毅、更孤立。

幾個月過去，狗與人間的契約愈繫愈牢固。那是第一隻從荒野中走入人群的狼所立下的古老契約。正如所有曾經如約履行的後繼野狼與野狗一樣，白狼也努力實踐這份契約。條件很簡單：牠用自己的自由換取血肉之軀所擁有的東西。白牙從神那兒得到的是火與食物、保護與伴從，並以保衛神的財物、身體、爲神工作、服從神的意旨做交換。

擁有一個神便意味著要奉獻。白牙的奉獻並非出於愛，而是基於職責與畏服。牠根本不識愛爲何物，也未曾體驗過愛的滋味。姬雪已是一個遙遠的記憶。更何況，當牠將自己獻給人類時，不只意味著從此放棄荒野與同類，而且依據契約中的條件，就算有朝一日再與姬雪重逢，牠也不能棄自己的神而隨母親走。牠對人類的忠誠似乎成了自己的戒律；這條戒律要比牠對自由、對同類、對親族的愛都重要。

第六章　飢荒

灰鬍子結束這段長途旅行時，眼看著春天已將至。四月裡，周歲的白牙拖著雪橇回故鄉，米沙爲牠卸下身上的韁繩。雖然距離成熟還很早，白牙已經是僅次於利嘴，全聚落裡體型最大的滿歲狗。牠遺傳了狼父親以及姬雪的體格和力氣，身長已經和成熟的大狗相當，只是筋肉還不夠結實。牠的身型瘦而長，體力強健而不夠厚實。牠的毛色是純正的灰狼色，外表上無論從何看起都是道道地地一匹狼。遺傳自姬雪身上的四分之一狗血統雖然和牠的心理構造有關，卻沒有在肉體上留下一點點痕跡。

牠在聚落中四處漫遊，帶著沈靜的滿足，辨識出各個在長途旅行前就已認識的神們。另外聚落中還有不少像牠一樣逐漸成長的小狗，以及看起來不再像記憶中那麼高大、可怕的大狗。現在牠不像從前那麼害怕牠們了，時常帶著一股新奇、愉快的心情，優游自得地在牠們之間昂首闊步行走。

聚落中有一條名叫巴希克的蒼蒼老狗。去年，牠只要一露出牙齒，白牙就會嚇得發抖瑟縮、匍匐在一旁。過去白牙從牠身上體認到自己是多麼弱小無用，而今卻從牠身上看清自己的改變與成長有多大。巴希克隨著年紀老邁而衰弱，白牙卻因年輕而變得愈來愈強壯。

在一次分割某隻剛被獵殺的麋鹿時，白牙了解到牠與狗界的關係已改變。當時牠搶到一隻腳蹄和一截脛骨，脛上還附著不少肉。牠迅速從別的狗群中撤離，一直躲到牠們看不見的樹叢後，然後動口大啖自己的戰利品，而巴希克就在此時衝上前來。白牙還沒搞清自己在做什麼，就已狠狠咬了牠兩口，並且全身而退。巴希克被對方迅如霹靂的攻擊嚇一大跳，呆呆站在那兒瞅著白牙，而鮮紅的脛骨就在牠倆的中央。

巴希克老了，漸漸明瞭過去動輒遭牠欺凌的小狗現在都愈來愈強壯。一次次痛苦的經驗，迫使牠不得不集中自己所有的智慧去對付牠們。在往日，牠必定早已暴跳如雷地撲到白牙的身上。但現在牠那日漸衰微的力量卻不容許牠這麼做。牠兇惡地聳起長毛，隔著脛骨陰森森地瞪著白牙。而再次回復過去敬畏心態的白牙，似乎也巴不得自己縮得愈小愈好，開始左顧右盼地尋找退路，以免自己逃得太狼狽。

就在這時，巴希克犯了個錯誤。要是牠一直安於保持兇惡陰森的神態，一切都會順順利利。正要撤退的白牙也會摸著鼻子走開，把肉留給牠。偏偏巴希克等不及。牠以爲自己已經得勝，於是舉步走到脛骨前。白牙眼看牠小心翼翼低頭去嗅它，身上的毛不由自主地微微豎起來。即使到這時候巴希克想要挽回局勢也不嫌晚。只要牠站在原地，抬起頭怒吼幾聲，最後白牙還是會腳底抹油。可是巴希克鼻中聞著強烈的肉味，忍不住立即動嘴咬一口。

白牙受不了啦！幾個月以來，牠在自己的夥伴間始終予取予求、高高在上，要牠什麼事也不做地站在一旁眼睜睜看原本屬於自己的食物被吞掉，牠怎麼也無法忍受。一如慣例，牠毫無預警地飛身就攻擊，而且一發動攻勢便把巴希克的右耳給咬碎。巴希克被這突如其來的行動驚呆了。但其他狀況；而且是最嚴重的狀況，同樣在出其不意間發生。牠被撞倒了，喉嚨也被白牙咬住。正當牠掙扎著想要站起來，白牙又惡狠狠地對著牠的肩膀猛咬兩口。那神速的動作教人頭昏眼花。牠盛氣凌人地撲過去狠咬一口，結果不但沒撲中白牙而且咬個空，轉瞬之間鼻子又被對方給咬傷，只得搖搖晃晃往後退。

現在情勢逆轉。白牙帶著威脅的姿態，豎起長毛站在脛骨前，而巴希克稍微後退，準備撤離。牠不但不敢冒險和這道小閃電放手一搏，而且再一次更痛苦地體認到遲暮之年的衰弱。巴希克想要維護尊嚴的意圖是壯烈的。牠鎮定地背轉過身去，彷彿對白牙和脛骨都不放在眼裡，也不屑去理睬，就這樣大踏步走開。還沒完全走出白牙視線外，牠便停下腳步舔起淌血的傷口來。

這件事情使得白牙變得更有自信，也更倨傲放肆。牠在大狗之間走路不再那麼輕手輕腳，對牠們的態度也不再那麼步步退讓。倒不是牠從此改了作風，到處惹事生非——絕不是。牠只是要求尊重。牠固守行走之間不受干擾的權利，絕不讓路給任何一條狗。牠只要別的狗重視，此外別無所求。牠不再像眾多小狗一樣任人輕忽和蔑視，也不再和牠的夥伴一樣安安分分地繼續當大隊小狗之一。這些小狗見了大狗就讓路，在牠們的強迫之下不得不把自己的食物讓出。然而生性孤僻、陰沈、不合群、難得左顧右盼、英勇可畏、神態冷峻、疏離、與眾不同的白牙，卻被牠那些長輩們當成平輩對待。牠們很快就學會千萬別去招惹牠。既別冒險對牠做出什麼敵意的動作，也甭想和牠交朋友。只要牠們不惹牠，牠也不會來找牠們麻煩——經過幾番交手後，牠們發現那是最符合理想的狀態。

仲夏時節，白牙得到一次經驗。那天牠隨獵人們出去追捕麋鹿，照例無聲無息地跑到一頂剛在聚落邊緣架起的帳篷去觀察，結果和姬雪當面撞了個正著。白牙停下腳步瞅著牠。牠對姬雪的記憶已經很模糊，但是畢竟記得牠。然而姬雪可就不同了，牠仰頭衝著白牙咧嘴咆哮，那惡狠狠的老樣子使得白牙的記憶更清晰。牠那遺忘的幼年全隨這熟悉的咆哮聲，一下子湧回心底。在牠還未認識神以前，姬雪就是白牙宇宙的中心。當時熟悉的舊情感紛紛回到牠腦海，在牠的內心裡頭翻騰澎湃。牠歡歡喜喜地朝姬雪走去，而姬雪卻用尖利的獠牙對付牠，把牠的臉頰咬得皮開肉綻。白牙不明白，只好迷亂困惑地退開。

姬雪沒有錯。母狼天生不會記得自己周歲以上的小孩，所以牠根本記不得白牙。白牙是匹陌生的動物，是個侵略者；牠目前這一窩幼狼賦予牠反擊這種侵略的權力。

一匹幼狼爬到白牙面前。這些幼狼是牠同母異父的手足，只是牠們不知而已。白牙好奇地嗅嗅幼狼身上的味道，姬雪連忙撲過來，二度重創牠的臉。白牙又往後退一些。剛剛重見天日的往日記憶與聯想再度消失，埋回原來的墳墓。牠看見姬雪舔著牠的小狼，又不時停下來對牠怒聲咆哮。牠對白牙毫無價值。牠早已過慣沒有母親的日子，忘了母親的意義。正如牠在母狼心中沒有一席之地，母狼對牠也不再代表什麼了。

回憶中的點點滴滴已遺忘，牠依舊茫然不解地呆立在原地，不知道這究竟是怎麼一回事。這時姬雪第三度對牠攻擊，企圖把牠徹底趕離附近。姬雪是匹母狼，公不與母鬥是狼族的一條律令。牠對這條律令一無所知。因爲這既不可能藉由心靈歸納，也無法從經驗中體會。牠對它的認知來自於一股莫名的催促，一股本能的衝動——那股讓牠在夜晚對著星月長嘷，讓牠畏懼死亡與未知的本能。

幾個月過去了。白牙愈長愈發強壯有力、厚重結實，而性情也循著遺傳與環境安排的趨向發展。牠所遺傳的是一種恰似黏土般的生活素材，擁有多種可能性，能夠根據多種不同的型式塑造。環境就如黏土模，賦予它一種特定的模式。因此倘若當初白牙沒有來到人類的營火旁，荒野勢必會將牠塑造成一匹道道地地的狼。但神們提供給牠另一種環境，於是牠被塑造成一條深具狼性的狗，不過已經不是一匹狼，而是一條狗。

是以，依據牠天性的黏土加上環境的壓揉，白牙無可避免地被塑造出一種十分獨特的性格。牠變得更加陰鬱孤癖、獨來獨往，性情也愈來愈兇狠暴烈。營中的狗愈來愈懂得最好跟牠和平相處，不要輕啓戰端，而灰鬍子對牠的重視也是一天高過一天。

白牙似乎集各種能耐於一身，卻依然深受一項惱人的弱點所苦。牠無法忍受嘲笑。人類的笑聲是種討厭的東西。他們之間愛笑什麼都可以，只要別扯上白牙，牠都無所謂。然而一旦那笑聲是衝著牠而來，牠就馬上氣瘋了。莊嚴、尊貴、陰鬱的白牙，只要一陣笑聲便足以教牠激動到不可理喻的地步。惱怒交加的白牙會一連好幾個鐘頭表現得活像個魔鬼，任憑哪隻狗遇到牠都要倒大楣。熟悉規則的牠不會笨到去找灰鬍子發洩；灰鬍子有棍棒和神性當後盾，然而狗的背後卻是空空如也。一旦白牙被奚落、嘲笑得暴跳如雷，牠們只好拔腿就跑、逃之夭夭了。

白牙三歲那一年，麥肯錫河流域的印第安人遇到一次大饑荒。夏天裡捕不到魚，寒冬中馴鹿也不再在往年常走的路徑上出沒。野麋難得一見，兔子幾乎絕跡，狩獵捕食的動物一隻隻餓死了。失去食物來源的牠們因饑餓而瘦弱，開始互相攻擊、吞噬，只有強者才能夠生存。白牙的神們成天都在打獵，年紀老的、身體弱的全都餓死了。聚落裡遍地哀號，爲了讓僅有的一點食物塡入整天在森林裡奔波，卻找不到食物、累得眼神空洞、形銷骨立的獵人們肚子裡，女人和孩子們都忍飢挨餓、不吃東西。

神們的境遇是如此淒慘，逼得他們不得不以鹿皮靴和手套的軟皮充飢，而狗群則吃掉挽具和鞭索。此外，那些狗還互相吞食，而神們也吃狗。最衰弱、最沒用處的首先被吃掉。還留著性命的狗冷眼旁觀、心知肚明。幾隻最聰明大膽的遠離如今已經淪為屠宰場的營火堆逃入森林，結果還是不免要餓死或者被狼吞吃。

在這段悲慘時光中，白牙也偷偷溜回樹林裡。有了幼狼時期的訓練做指引，牠比別的狗更容易適應林中的生活，尤其擅長悄悄潛近小生物身旁。牠會一連埋伏好幾個小時，追蹤謹慎小心的松鼠每一個動作，以忍受饑餓的耐力耐心守候著，等待松鼠冒險跑到地上來。即使到了這時候，白牙也絕不輕舉妄動。牠會在松鼠躲到樹上避禍前，耐心等候有把握一擊中的時機，立即像道閃電一般撲出藏身處。這道快得不可思議的灰子彈從來沒有虛發過，那些倉猝逃命的松鼠總是來不及逃出牠的狼口。

雖然白牙捕食松鼠的功夫百發百中，要想賴這些小傢伙維生、養胖還是有困難。因為松鼠的數目太少了，牠不得不搜尋更小的生物。有時牠實在餓得太厲害，除了從地底的洞穴中刨出土撥鼠吃，也沒有別的辦法可想，有時甚至還得放下身段，去找和牠一樣飢餓、性情卻更兇狠的黃鼠狼打一場殊死戰。

在幾次飢荒鬧得最厲害的時候，牠也曾悄悄留回神們的營火旁。但牠並沒有走到營火之間去，只是埋伏在林中避免被發現，偶爾遇到誤中埋伏的獵物時還會順手牽羊，有一次牠看見灰鬍子搖搖晃晃地走過林間，沒走幾步就得坐下來休息一回，一副有氣沒力的樣子，而牠甚至劫走他陷阱中的一隻兔子。

有一天，白牙遇到一匹餓得關節鬆弛、骨瘦如柴的年輕野狼。要不是白牙本身肚飢腹餒，說不定早就隨牠而去，找到加入牠那些野生弟兄的門路。但白牙實在是餓得慌，所以乾脆撲上前去把那野狼殺了吃掉。

幸運之神似乎特別眷顧白牙。每當牠最迫切需要食物時，總會找到點什麼可撲殺。而當牠虛弱無力時，又能幸運地不被任何體型較大的獵食野獸碰上。因此當一群飢餓的野狼對牠窮追不捨時，白牙正好在前兩天吃掉一頭山貓，擁有充沛的體力可應付。那是一場殘酷、漫長的追逐，但牠營養比較好，終究跑得比牠們更快。不但跑得快，而且還兜了個大圈子繞回來，收拾掉其中一匹跑得精疲力竭的追逐者。

此後牠離開那一帶，回到當年出生的谷地。在這兒，牠在老狼窩裡遇到了姬雪。姬雪又像幾年以前一樣，逃離神們荒涼的營火，回到牠的舊避難所生下牠的下一代。白牙見到牠們的時候，這一窩幼狼只剩下一隻還活著，而這一隻註定也活不了多久了。在大飢荒的日子裡，小生命是很難有倖存機會的。

姬雪會見牠這已成年兒子時的呼聲之中不帶半點情分，不過白牙沒有放在心上。牠已經大得必須脫離母親了。於是牠冷冷靜靜地轉個身，漫步跑到小溪。到了溪流分岔處，牠轉向左邊的支流，發現許久以前曾經與牠及母親打鬥那隻山貓的窩穴，而牠就在這荒廢的獸窟中休息了一天。

初夏時節，就在這場飢荒的最後幾天裡，白牙遇到像牠一樣跑到林中的利嘴，對方顯然生存得既辛苦、又悲慘。白牙和利嘴純粹是不期而遇。當時牠們正沿著一堵峭壁底下朝相反方向奔跑，在繞過一塊岩石轉角之後竟然當面碰個正著，雙方剎時提高警覺，停下腳步，猜疑地看著對方。

白牙情況極佳。一個禮拜以來牠收穫頗豐，隨時把肚子填得飽飽的，甚至不久之前才剛剛大吃一頓過。然而看見利嘴，牠背上的毛卻一下子全都不由自主地豎起來。這是一種反射性的動作——是過去遭受利嘴的欺凌威嚇時，伴隨心理反應而出現的生理狀態。過去牠一見到利嘴就會豎毛、咆哮，因此現在牠也下意識地豎起毛、咆哮起來。利嘴本想退開，然而白牙卻肩對著肩、重重朝牠撞去，把牠撞得四腳朝天、背部貼地，狠狠咬住牠乾瘦的喉嚨。利嘴在做垂死前的掙扎，白牙則緊繃四肢，謹慎戒懼地繞過牠身邊，然後重回舊路，沿著峭壁往前走。

不久之後的某一天，白牙來到森林的邊緣。在這兒有塊狹長的空地。一路斜下麥肯錫河邊。過去牠曾經到過這地方，上面是光光禿禿的一片，如今卻盤踞著一座村莊。還藏身在林木之間的白牙停下來仔細研判這狀況。那景觀、聲音、氣味都很熟，是把過去的老村莊遷移到新的地方來，只是無論景象、聲音、味道都和牠逃離之前那段日子不同了。聚落中沒有抽泣和哀號，耳中聽到的全是心滿意足的聲音。這時白牙聽到一名婦女憤怒的聲音，知道那是從一個填飽肚子的女人口中發出的。空氣之中飄來魚肉味——村裡有食物；飢荒已結束。白牙放大膽子走出森林外，直接跑到灰鬍子的帳篷裡。灰鬍子不在帳篷內，但克魯－庫姬卻興奮地嚷嚷著，拋下一尾剛剛捕獲的鮮魚歡迎牠，於是白牙便趴在地上等候灰鬍子回來。

第四部

第一章　同類之敵

假設白牙的天性中還有任何與同類和睦相交的可能——不管這個可能是多麼渺茫——那麼在牠當了雪橇隊的領袖後，這種可能都被無可挽回地摧毀了。因爲現在狗群痛恨牠——痛恨牠可以多吃米沙賜給的食物；痛恨牠永遠在隊伍前方飛奔；痛恨牠那毛茸茸搖動的尾巴，還有永遠令牠們目眥欲裂、不時拉長與牠們之間距離的臀部。

而白牙也同樣痛恨牠們。擔任雪橇隊領袖對牠而言，絕不是什麼樂事。三年以來，牠一向攻擊、凌駕這些狗，如今卻得被迫在牠們的嗥叫聲中沒命地飛奔，白牙幾乎都快無法忍受了。但牠不得不忍受，否則就得死亡；而牠內在的生命卻一點也不想死。每次只要米沙一聲：「出發！」令下，整個狗隊就會帶著急切、兇橫的狂吠連奔帶衝地追著白牙跑。

白牙沒有半點防衛之道。只要牠一轉身面對牠們，米沙就會揮動火辣辣的鞭子抽打牠的臉。牠唯一能做的就只有拚命向前跑，絕不能讓那群狂嘯的狗碰著牠的尾巴和臀部。這兩個部位絕非迎接那許多獠牙的好武器，因此牠只有沒命地奔逃，每跳躍一步都違背一次自己的天性和傲氣，忍氣含屈地終日衝刺。

一個人若是違背了本性的刺激，他的本性也必定會主動起反彈。這種反彈就像原本應該自肉體中長出卻違反自然地逆向生長、伸入體內的毛髮一樣，造成發炎、潰爛的傷害。白牙也一樣。發自體內的衝動無時無刻不在鞭策牠撲向窮追不捨的狗群，但神的旨意卻不允許牠這麼做；而且在旨意之後，還有三十呎的鹿腸做的長鞭在強迫牠遵行。於是，白牙只有痛苦地暗自憂傷，並且發展出一股與兇猛堅毅的本性同樣強烈的怨恨與惡毒。

世上若有所謂同類之敵的生物，白牙便是此種生物。因爲牠既不向人求饒，也從不寬恕他人。現在的牠依舊不斷被狗群的利牙咬傷，也依舊不斷咬傷狗群。牠不像絕大多數的領袖一樣，營地一造好，就整天跟在神的身邊求保護。白牙瞧不起這種保護。牠肆無忌憚地在營區中逛來逛去，趁著夜晚報復白天所受的侮慢。在牠還沒擔任狗隊領袖前，營中的狗都知道見了牠要讓路。但現在不同了。經過白天漫長的追逐，牠們腦海中不斷浮現白牙在前方奔逃的畫面，整個白天那種高高在上的感覺占滿了心胸，潛意識裡就不可能再對牠退讓。每當牠出現在狗群之間，必然會引起一陣爭吵，走過的地方一定會有咆哮、撕咬、怒吼聲出現。牠所呼吸的空氣充斥著恨意與惡毒，而這只會使牠內心的恨意與惡毒更高漲。

每當米沙大聲喝令隊伍停下，白牙馬上遵命照辦。最初這給後面的狗帶來困擾，因爲牠們全會向心中痛恨的領袖撲去，結果形勢卻和想像中相反。白牙有米沙當靠山，長長的鞭子在男孩手中呼呼作響。於是狗群慢慢了解當隊伍因爲命令而停下，千萬別去找白牙的麻煩。但如果白牙在沒有命令的狀況下停止奔跑，那麼牠們便可以爲所欲爲撲上前去，即使咬死了牠也無妨。嘗過幾次苦頭之後，白牙再也不會沒有命令就住腳。牠學得很快。這是必然的；在這生活條件異常嚴酷的環境中，牠非得學得快不可。

但那些狗卻永遠學不會別在營地裡招惹白牙的教訓。每到白天，牠們追著牠大吠大叫，就會忘了前一天夜晚所吃的苦頭；到了晚上，這教訓又重複一次，可是等到第二天，牠們追著追著就又忘了。更何況，促使牠們討厭牠的還有一個更重大的因素。牠們意識到白牙不是牠們的同類——單憑這一個理由，就足夠讓人對牠產生敵意了。牠們和牠一樣都是馴化了的狼，只是牠們已經被馴養好幾代，大部分的野性都已消失了。

所以，對牠們而言，荒野是未知、可怕、有著無盡威脅、爭端的東西。然而就白牙來說，卻無論在外表、行動和情感的衝動上，都還依然固守著荒野的習性。白牙象徵著野性；牠是荒野的化身。所以當牠們對牠露出利牙時，其實是在防衛來自森林、蘊育自營火外的黑暗中那些毀滅的力量摧毀自己。

不過這些狗倒是學會了一個教訓：那便是隨時聚集在一起。和白牙單打獨鬥對牠們之中任何一隻來說都是恐怖的事情。牠們必須成群結隊迎戰白牙，否則牠就會在夜裡一隻一隻把牠們宰啦！正由於牠們呼朋引伴，所以牠始終沒有機會撲殺牠們。

就算牠能撞倒其中一隻，其他的狗也會在牠還沒來得及跟上前去、咬住致命的咽喉前趕到。每次只要一有衝突的跡象，大隊狗群就會聯合起來對付牠。狗和狗之間固然有爭吵，可是一旦和白牙起了紛爭後，牠們就會把那些爭吵全拋下。

反過來說，就算牠們卯足全力也無法殺死白牙。牠的動作太敏捷、力量太強大、頭腦太聰明啦！牠懂得避開封閉的地方，在牠們準備包圍之際全身而退。至於要想把牠撞倒，全營之中沒有一條狗能有這能耐。牠的四肢隨時牢牢抓著地，就像牠牢牢抓住生命一般賣力。在這與狗群無窮無盡的爭鬥中，立穩腳跟就等於掌握了生存，這一點白牙比誰都清楚。

就這樣，白牙成了同類的大敵。這些同類是居家馴養的狼，人類的火堆軟化了牠們的性情，在人類力量的庇蔭中，牠們變得軟弱。白牙的個性既不友善又難以和解。牠的黏土已被捏塑成這樣。牠對所有的狗發出誓復深仇的宣言，而且可怕無比地執行它，即使生性兇狠的灰鬍子本身都不免要對白牙的狠勁大表驚詫。他誓言從未見過這樣的動物；而那些其他聚落中的印第安人聽說白牙在他們的狗群中獵殺同類的傳聞，也莫不信誓旦旦如此宣稱。

白牙將近五歲時，灰鬍子又帶著牠做了另一次長途旅行。事過之後，牠在沿著麥肯錫河流域、橫越落磯山脈、順著波丘帕河來到育康河畔一路上的眾多聚落間屠戮狗群的事蹟，讓這些地方的居民久久都難以忘懷。牠沈醉在報復同類的快感中。牠們都是平平凡凡、沒有猜疑心的狗，對於白牙毫無預警的快速攻擊無從防備起。牠們不曉得牠是一道奪命的閃電。當牠們還在豎毛、繃腿、挑釁的時候，牠卻絲毫不把時間浪費在這些熱身動作上，直接像個精鋼彈簧般射向牠們的喉嚨，在牠們還來不及認清發生什麼事，還在驚愕之中痛苦掙扎時結果了牠們。

牠變得既嫻習戰技又切實際，從不浪費自己的體力，也不跟牠們扭打。牠的行動快得無需那麼做。萬一一擊不中，也會一溜煙消失得無影無蹤。狼族不喜歡貼身搏鬥的習性在白牙身上異常明顯。牠無法忍受和別的動物多接觸一下。貼身接觸帶有危險的氣息；這會令牠發狂。牠必須自由獨立、遠離群眾、不碰其他的生物。那是因爲牠身上依舊帶著野性，而且透過牠的行動發揮得淋漓盡致。這種感覺因爲從小過著離群索居的生活而日趨強烈。接觸之中包藏著危險。那是個陷阱，永永遠遠的陷阱——這種恐懼潛伏在牠的生命深處，織入牠的本質中。

結果，初次和牠遭逢的狗根本沒有機會與牠相對抗。牠巧妙地閃躲牠們的獠牙。要不就一擊而中，要不就跑開，本身從不和牠們相接觸。當然這種事情一定會有例外。有幾次，好幾條狗同時撲向牠，趁牠還沒來得及逃掉之前嚴懲牠一頓；甚至有時也會單獨被某隻狗重創。但這些都是意外。大體上，像牠這麼擅於作戰的鬥士通常都是所向披靡。

能夠正確判斷時間、距離是牠的另一項長處。不過，那並不是出於有意識的計算，而是完全來自下意識的判別。牠的眼睛看得分毫不差，然後，神經再將影像正確無誤地傳送到腦部。牠的這些構造要比一般的狗更能夠密切地配合，也比較能夠順暢、穩定地合作。牠的神經、心智，還有肌肉之間的協調要比牠們好，而且好得多。當眼睛把某個動作的移動影像傳送到大腦，牠的腦子可以不假思索地了解限制那個動作的空間，以及完成動作所需的時間。因此牠能同時避開別的狗的撲襲和猛咬，並且逮住瞬間時機發動自己的攻擊。好身體配上好腦筋；白牙的身心構造可謂得天獨厚。這沒有什麼值得誇讚的，說穿了，不過是大自然待牠比一般動物慷慨罷了。

夏天裡，白牙來到育康河易貨站。去年冬季，灰鬍子橫越過麥肯錫河與育康河間的大片分水嶺，整個春天裡都在落磯山西側偏遠的山脈間打獵。等到波丘帕河解凍後，他又造艘獨木舟順溪而下，一直來到北極圈下與育康河交匯的地方。這兒有個舊哈德遜灣公司交易站，還有許許多多印第安人、食物，以及前所未見的騷動。時間是一八九八年夏天，數以千計的淘金客上溯育康河前往道森城以及克侖代克（金礦產地）。儘管其中許多人已經上路一整年，距離目的地卻還有好幾百哩路。這些人最少都走了五千哩路以上，有的還是從另半個地球趕來的。

灰鬍子在此駐腳。淘金熱的消息早已傳到他耳中，這趟出門，他帶了好幾綑毛皮，另外還有用腸線織的手套以及鹿皮靴。要不是預計可以大撈一票，他是絕不會冒險跑到這麼遠來的。不過比起他實際的獲利，當初預計的利潤簡直是小巫見大巫。依他最大的夢想，頂多能賺個一倍就很了不起嘍，結果竟足足有十倍獲利。他像道地的印第安人一樣在這兒安頓下來，小心謹慎、慢慢做生意，即使要耗掉整個夏季、甚至到冬天才能出清貨物也沒關係。

白牙在育康交易站中首次見到白人。和牠所認識的印第安人相較，他們在他心目中是另一種生物，是一支更優越的神明。牠深深感覺他們擁有更高人一等的力量，而神格的高下便維繫於此種力量上，這種觀念並非來自推敲，白牙心中也沒有深刻地將白人神明歸納在更有勢力的地位。那純粹只是一種感覺，但同樣極具說服力。幼年時期人類架起的帳篷那碩大的體積，曾經令牠對於力量的顯現深感震撼，而今一幢幢用巨大原木所建造的屋宇和龐大的交易站，同樣教牠爲之動容。這是力量的表現。那些白人是強大的；他們比牠過去所認識的神明更能駕馭事務。過去牠所認識的神明中要屬灰鬍子最有勢力，而灰鬍子在這群白皮膚的神之間還只不過是個童子神呢！

當然，這些事情白牙只是感覺到而已，並不是經由意識而得知。然而動物的行爲通常都是依據感覺，而非憑思考。因此現在白牙的每個行動，都是根據白人的神比較優越的感覺而表現。天曉得他們具有什麼未知的恐怖，可能帶來何等未知的傷害。

牠仔仔細細觀察他們，又怕引起他們的注意。最初那幾個鐘頭裡，牠只要躡手躡腳地在附近打轉、隔著一段安全距離觀察他們就滿足了。後來牠看見接近他們的那些狗也沒受到什麼傷害，於是大膽湊上前去。

現在換成他們對牠大感好奇了。牠那像狼一般的外表立刻吸引住他們的目光，爭相對牠指指點點。白牙眼看人人伸手比畫趕緊全神戒備。瞧見他們走上前來，忙又露出利牙、向後倒退，結果沒有一個人能夠成功摸到牠；也幸好他們沒摸到。

很快地，白牙就曉得住在此地的這種神沒幾個——頂多不過十一、二名。每隔兩、三天會有艘汽船（另一種強大力量的呈現）駛進港灣停靠幾個鐘頭，船上下來幾個白人，不久又登船離開。

感覺上這種白人似乎不計其數。最初幾天，白牙看到的白人要比這一生見到的印第安人都還多；隨著時間一天天過去，他們仍舊不斷乘船而來、暫時停泊，然後再搭船離去。

但縱使白人神明無所不能，他們的狗卻不怎麼樣。白牙和那些隨著主人上岸的狗混上一陣後，很快便發現這個事實。這些狗形形色色、大小不一，有的短腿——短得不像樣；有的長腿——長得又太離譜。牠們身上長著秀而不實的軟毛，而不是粗粗的長毛，有的只長稀疏的幾撮，而且沒有一隻會打架。

身爲同類之敵，找牠們打架本就是白牙的份內事。牠不但打了，而且很快地就把牠們看得一文不值。這些狗一隻隻軟弱無力、吵吵鬧鬧，使足全身力氣笨拙地掙扎，想要對抗白牙狡猾靈敏的攻勢。牠們狺狺作吠地朝牠衝來，牠卻跳到一旁。牠們還分不清牠怎麼啦，牠卻在剎那之間攻擊牠們肩部、把牠們撞翻，同時直咬對方的咽喉。

有時攻擊成功了，被咬的狗倒在地上打滾，等在一旁的印第安人狗群便一湧而上，把牠咬成碎片。白牙很聰明。牠老早曉得白人的狗被殺死，那些神會很生氣；所有白人都不例外。因此當牠撲翻一隻他們的狗，把對方的咽喉撕開，便心滿意足地退到一旁，讓別的狗過來進行殘酷的收拾工作。而白人也就在這個節骨眼上衝進來，狠狠地對那些狗發洩雷霆之怒，只有白牙什麼麻煩也沒有。牠會站到稍遠的地方冷眼旁觀，看著石子、棍棒、斧頭，還有各式各樣武器落在同伴的身上。白牙真是太聰明了。

然而牠的同伴也會慢慢學聰明，白牙自然更不可能落後。牠們漸漸曉得只有在汽船剛靠港時才可以胡鬧，等那些陌生狗死個兩、三隻後，白人就會吆喝自己的狗回船，然後對攻擊者展開兇殘的報復。一個白人眼看自己的狗——一隻長毛獵犬——被當面撕咬成碎片，恨得掏出左輪手槍連發六槍，馬上就有六條狗倒地死亡或者瀕臨死亡——這又是另一種深入白牙意識的強大力量表現。

白牙對此津津有味。牠並不喜歡自己的同類，又有足夠的精明幹練可以逃避傷害。起初撲殺白人的狗只是牠的餘興，不久就變成正業了。

灰鬍子整天忙著做生意賺錢，白牙無事可做，乾脆四處遊蕩，和那些聲名狼籍的印第安狗一塊兒守在碼頭等待汽船靠岸。只要汽船一靠岸，樂趣就來了。幾分鐘後，白人才剛由驚訝之中回過神來，狗群便作鳥獸散。娛樂結束，等到下艘汽船靠港才會再度展開。

然而要說白牙屬於狗群之一並不對。牠依舊獨來獨往，遠遠離開牠們，並沒有和牠們混在一塊兒，那些狗甚至因此而怕牠。

牠向陌生狗挑釁時，狗群都在一旁等著。等牠打倒對方後，牠們就上來收拾殘局。但事實上這也等於在牠撤退後，留下那些狗去接受兇暴的神懲罰。

要想挑起這些爭執並不很費力。牠只要在陌生狗上岸時露個面就可以。那些狗一看到白牙，自然會朝著牠猛衝。這是牠們的本能。牠就是荒野；是未知、可怕，是永遠的威脅；是當匍匐在火堆旁的牠們逐漸轉變自己的本能，學會害怕自己從中而來，卻又遭自己遺棄、背叛的荒野時，徘徊在原始世界的火光四周的生物。一代接著一代，世世代代下來，對於荒野的恐懼深深銘刻在狗的天性中。

數百年來，荒野代表著恐怖和毀滅。在這綿長的歲月裡，牠們的主人賦予牠們殺害荒野生物的自由。殺害牠們不僅保護了自己，同時保護和自己相伴的神。

因此這些剛從柔和的南方世界到來的狗輕快地跳下跳板，踏上育康河河岸，一看到白牙便忍不住掀起衝過去取牠性命的衝動。牠們或許生長於城市，但本能對於荒野的畏懼並沒有兩樣。牠們不只是以自己的眼睛看見那像狼一般的動物在朗朗白天裡站在牠們的面前，而是帶著祖先的目光和世代承傳的記憶，認得白牙是匹狼，同時憶起古老的仇恨。

這一切使得白牙的日子過得很愜意。倘若那些狗一看到牠就攻擊，那對牠最好不過，對牠們卻是倒楣透頂了。牠們把牠視爲合法的獵物，而牠又何嘗不把牠們視爲理所當然的獵物呢？

第一次在一個孤零零的狼窩中看到天光，第一次與松雞、黃鼠狼，和山貓打架，對於白牙而言都有著非比尋常的意義。幼年時期，遭受利嘴和整群小狗的欺凌，自然也有重大的影響。倘若當時不是那樣的遭遇，也許白牙會是另外一個樣。要是利嘴不存在，牠會和別的小狗混在一起，會成長得更像一條狗，也會更喜歡狗。若是灰鬍子擁有探測愛與深情的鉛錘，說不定他會探知白牙天性的深沈處，引導出牠那潛藏體內，種種良善的特質。可惜情況並非如此。白牙的黏土被一步一步地塑造，終於變成現在的模樣——陰沈、孤獨、兇猛、無情，成了所有同類的公敵。

第二章 瘋狂的神

住在育康交易站的白人寥寥無幾。這些人在村子裡待很久了。他們自稱「酵頭」③，並且深深以此自豪，對於新來的人很是瞧不起。所謂新來的人便是那些從汽船上下來登岸的人。他們被稱爲新客；聽到這種稱呼，往往讓他們覺得很沮喪。這些人用酸粉做麵包，這是他們和酵頭間最招人嫉恨的區別。那些「酵頭」的的確確使用酵頭做麵包，因爲他們沒酸粉。

其實這一切都無關緊要。交易站裡的人瞧不起新客，看到他們遭殃反而覺得大快人心。尤其眼見新客們的狗慘遭白牙和牠那些狐群狗黨大肆蹂躪，他們更是快活得緊。每當一有汽船靠岸，交易站上的人總是樂此不疲地跑到岸邊看熱鬧。他們帶著和印第安人狗群同等的期望隔岸觀火，對於白牙的殘暴、靈巧讚賞有加。

這之中有個人特別愛湊趣。每次剛一聽到船笛聲響，他便飛奔而來，直到大戰結束，白

③sour-dough：雙關語；意指酵頭，引用為美國西部、阿拉斯加和加拿大拓荒者的代稱。

牙和狗群分做鳥獸散，他才帶著悵然若失的表情慢吞吞地踅回交易站。有時目睹一隻柔弱的南方狗被打倒，在白牙和狗群的尖撲利牙下尖聲慘叫，他會情不自禁地跳到半天高，樂不可支地大叫，而且老是帶著精明貪婪的眼神盯著白牙瞧。

市集裡的人稱呼那人叫「帥哥」。沒人知道他本名叫什麼，只知道附近一帶大夥兒都稱呼他帥哥史密斯。不過這稱呼應當是個反諷。他不但長得一點都不帥，反而是個醜八怪。造物主對他實在太小氣了。這人生就一副矮個子，身材已經瘦小得可憐，脖子上還加顆尖尖細細的小腦袋，頭頂上方用針尖來比喻都不爲過。事實上，在小時候同伴們還沒叫他帥哥前，人家都喚他「尖頭」。

從背後看，他的頭從頂部一路斜下頸部，從前面看，又一路斜下又低、又寬得離譜的額頭。從這兒開始，造物主彷彿在後悔自己太慳吝，索性大手一揮，慷慨地加大他的五官。

他的一對銅鈴大眼遙遙相對，整張臉和身體其他部分相較之下顯得大得出奇。爲了找到足夠地方擺下他的五官，造物主賜給他一個奇大無比的凸出下巴。這下巴長得又寬又深邃，向外延伸，向下垂到胸前。也許是這碩大的外型讓細細的脖子太疲憊，無法好好撐住如此沈重的負擔。

他的下巴給人一種兇狠果斷的印象，卻又缺少點什麼。也許是因爲太誇張；也許下巴長得太大了。總之，這種印象是不實的。其實帥哥史密斯的膽小、懦弱遠近都馳名。再說回他的長相——他的牙齒大又黃，薄薄的嘴唇下露出兩顆長得最大的犬齒，看起來活像一隻野獸的獠牙。他的眼睛又黃又混濁，彷彿造物主顏料不夠用，於是把每一管顏色的殘渣全都擠在一塊兒。他的頭髮也一樣，長得稀稀疏疏、七零八落，髮色是髒髒的土黃色，東一簇、西一叢地豎在頭頂、竄到臉上，活像被風吹得東倒西歪的稻草。

總而言之，帥哥史密斯是個怪物。但錯不在他，要怪得怪別人。他的黏土在製作時候就捏成這樣了。在交易站裡，他負責幫別人烹煮食物、清洗碗盤和一些辛苦沈悶的工作。他們並不嫌棄他，相反的還以寬懷大度的人道方式容忍他，就像優容任何先天不全的生物一樣。另外，他們也怕他。他那畏畏縮縮的怒氣，叫人擔心他會暗地裡射人一槍，或者在他們的咖啡中下毒。但飯菜總得有人做；不管帥哥史密斯有什麼缺點，至少他的確會做菜。

成天盯著白牙的便是這個人。他對白牙的兇狠戰技大感興趣，亟欲擁有牠。打一開始這人就拚命向白牙示好。白牙先是不理牠。後來這人愈巴結愈起勁，牠乾脆咧嘴、聳毛、避開他。白牙不喜歡這傢伙；他給人的感覺很糟糕。白牙從他身上感受到邪惡的氣息，對他伸來的手和討好的話也感到畏懼。這一切的一切，都使白牙討厭這個人。

對於單純的動物而言，事物的善惡是很容易了解的。所謂好，指的是所有帶來輕鬆、滿足，還有解除痛苦的東西。因此，受人喜歡的便是善。而惡代表著所有帶來不快、威脅、傷害的事情，所以討厭往往伴隨惡而生。白牙對於帥哥史密斯的感覺便是惡。一如帶著瘴氣的沼澤中升起的霧氣，包藏於他那不健全的內在之物藉著玄奧的方式，從畸型的外表和扭曲的心靈散發出來。不是經由推理，不是單憑五官，而是出於某些更遙遠、更無以探知的意識，使得白牙感覺那人身上帶著邪惡不祥的氣息，孕育著禍害，是個適於厭惡的壞東西。

帥哥史密斯初次造訪時，白牙身在灰鬍子的營地內。還沒見到他的人，白牙便遠遠聽到他微弱的腳步聲，知道來者是何人，開始豎起牠的長毛。原來牠一直舒舒服服地躺著，這時卻連忙爬起來。那人一到，牠立刻以十足的狼姿態悄悄溜到營區的邊緣。白牙不知道那人和灰鬍子說什麼，但可以望見他倆在交談。那人曾經伸手指著牠，雖然中間相隔五十呎，白牙還是像他的手就要落在自己頭上似地咆哮以應。那人見了哈哈大笑，白牙不聲不響地躲到林子裡，邊走邊回頭觀望。

灰鬍子拒絕把白牙賣掉。他已經靠做買賣發了財，現在什麼也不缺。再說，白牙是隻珍貴的牲口，既是他所擁有過最強壯的雪橇狗，也是最好的領袖。更何況，不管在麥肯錫或育康，都找不到一條像牠這樣的狗了。牠驍勇善戰，殺害別的狗就像人拍蚊子一樣輕鬆簡單。（帥哥史密斯聽到這裡，兩隻眼睛發亮，急切貪婪地舔著薄薄的嘴唇。）不！白牙再高的價格也不賣。

但是帥哥史密斯太了解印第安人了。他三天兩頭淨往灰鬍子營裡鑽，大衣底下總是塞著瓶穿腸毒藥之類的東西。威士忌的效用之一乃是讓人產生一喝再喝的慾望。

灰鬍子染上這毛病。他那高燒的喉膜和火焚般的胃開始需索愈來愈多猛烈的飲料，腦筋也被它的刺激性撐得糊里糊塗，放任他盡其所能去買酒。販賣毛皮、手套、鹿皮靴子得來的錢財開始一筆筆花掉，而且愈花愈快速。隨著錢袋愈變愈薄，灰鬍子的脾氣也愈來愈暴躁。最後，他的錢財、貨物全沒了，脾氣也變得完全不可理喻，除了喝酒的慾望，什麼也不剩。這慾望是個令人著魔的龐然大物，隨著他每抽一口氣，它便長得更龐大。這時帥哥史密斯又來找他商量出售白牙的事情；但這次價格不是以錢計，而是用酒作單位，而且灰鬍子聽得興致勃勃的。

「你要抓得著牠就把牠帶走吧！」最後灰鬍子說。

酒是送到了，但兩天之後卻變成帥哥史密斯吩咐他：「你負責把狗抓來。」

有天傍晚白牙躡手躡腳地回到營中，心滿意足地吁口氣趴下。那討厭的白人神明不在營裡。一連好幾天，他想把手放到牠身上的企圖愈來愈明顯，白牙迫不得已只好避免回營地。牠不曉得那不斷朝牠伸來的手究竟會帶來什麼邪惡的事情，只知道它們看來的確像會做壞事，還是儘量避開的好。

但牠才剛一趴下，灰鬍子就東倒西歪地走來，用條皮帶拴在牠的脖子上。他手執皮帶尾端坐在白牙的身旁，另一隻手拿著酒瓶伴著咕嚕嚕的聲音不時往嘴裡送。

這樣過了一個小時，地面隨著某人腳步的接近而引起了輕微的震動。白牙首先聽到腳步聲，辨識出來人身分，全身長毛馬上豎起來，而灰鬍子卻還在呆呆地打盹。白牙想要輕輕抽出主人手中的皮帶，沒想到鬆弛的手指突然縮緊了，灰鬍子整個人清醒過來。

帥哥史密斯大搖大擺走到營中，站在白牙的面前。白牙對著這可怕的東西輕聲咆哮，目放精光盯著他雙手的姿勢。他伸出一隻手，開始往牠頭上擱。牠的輕吼變成緊張的厲嘯。

那手繼續往下降，白牙伏在地上，滿懷敵意瞅著它。咆哮聲音隨著快速的呼吸愈來愈急促，漸漸快速到極點。突然間，牠像蛇一樣，猛然張嘴咬一口。那手疾速往後抽，白牙的牙齒「喀！」的一聲狠狠咬個空。帥哥史密斯既驚慌又憤怒。灰鬍子掄起拳頭揍白牙的側臉，白牙只得恭恭順順的緊貼著地趴下。

白牙狐疑的目光隨著每個動靜轉。牠看見帥哥史密斯往外走，回來時手中多了根結實的棍棒，灰鬍子則把皮帶尾端遞到他手上。帥哥史密斯轉身而去。白牙僵持不動，皮帶被繃得緊緊的。灰鬍子猛揮拳頭、左右夾攻，壓迫牠站起來隨著對方走。白牙乖乖站起來，卻猛然一衝，朝那拖著牠的陌生人撲去。帥哥史密斯早有準備，並沒有跳開。他敏捷地揮動棍棒，半路攔下白牙，把牠打得摔倒在地。灰鬍子笑著點頭嘉許。帥哥史密斯再度扯緊皮帶，白牙勉強跛著腳爬行，頭昏眼花地站起來。

牠沒有採取第二次撲襲。挨這一棍已經足以教牠認定白人神明知道如何使棍棒，聰明的牠絕不會去挑戰那無可避免的傷害。因此牠只有夾著尾巴、喉嚨裡輕輕咆哮著，落落寡歡地跟著帥哥史密斯走。帥哥史密斯一路提高警覺盯著牠，隨時準備揮出手中的棍棒。

到了市集，帥哥史密斯先把牠牢牢綁妥再就寢。白牙耐心等待一小時，然後運用牙齒咬斷了皮帶，不到十秒鐘工夫便脫身。牠的利牙沒有浪費一點點時間，也沒有一口是白咬。那皮帶就像用刀割開一樣，被整齊俐落地對角線咬斷。白牙仰望市集，豎起長毛、狺狺低吠，然後轉身輕快地跑回灰鬍子的營帳。牠用不著對這可怕、陌生的神明忠心耿耿。牠早已把自己奉獻給灰鬍子，到現在牠仍認爲自己是屬於灰鬍子的。

然而早先的情況再度重演——只有一點不一樣。灰鬍子再次用皮帶緊緊綁著牠，隔天早上將牠交給帥哥史密斯。不同之處就在這時候發生。帥哥史密斯狠狠痛揍牠一頓。被綁得死死的白牙只能徒勞無益地乾生氣，忍受這一頓懲罰。帥哥史密斯棍棒與皮鞭齊下，白牙領教的是一生之中最嚴厲的痛打。即使是幼年時期，灰鬍子對牠那一頓拳頭，和這一比也算不得什麼了。

帥哥史密斯喜歡這差事，完全沈醉在其中。他幸災樂禍地逼視手中的罪犯，每當揮動棍棒或鞭子，聽著白牙痛苦的哀號和無助的怒吼及咆哮，兩隻眼睛便昏昏鈍鈍地放光。因爲帥哥史密斯的殘酷是懦夫式的殘酷。他自己在別人的拳頭、怒罵之前畏畏縮縮、奴顏奉承，就把仇報復在比他弱小的動物上。所有的生物都喜歡力量，帥哥史密斯也不例外。由於無法在同類之間施展力量，他遂將力氣發揮在次等生物的身上，藉以證明自己的活力。帥哥史密斯這個人並不是由他自己創出來的，要怪也不能怪他。他帶著畸型的身體和蠻橫的才智來到世界上。這二者構成他的黏土，而世界又不曾和善地塑造它。

白牙知道自己爲什麼挨揍。牠曉得當灰鬍子把皮帶拴在牠頸部，將皮帶尾端交給帥哥史密斯握住時，就代表牠的神要牠跟著帥哥史密斯走。而當帥哥史密斯將牠綁在市集外，便意味帥哥史密斯的旨意是要牠待在那兒。牠違背神的旨意，所以討來一頓懲罰。過去牠曾見過狗換主人，也曾目睹逃走的狗像牠一樣挨揍。牠很聰明；但天性中還有一股比智慧更強大的力量。那便是忠誠。牠並不愛灰鬍子，然而即使面對他的旨意和憤怒，白牙依然對他忠心耿耿。牠情不自禁。忠心是構成牠黏土的一大特色，也是牠和同類獨有的特質。這項特質促使牠的族類有別於其他種種動物，也促使狼和野狗從曠野中來到人的天地，成爲人類的夥伴。

挨過揍後，白牙被拖回市集。不過這次帥哥史密斯用根木杖綁著牠。背棄一個神明並非容易的事，白牙也一樣。灰鬍子是牠自己獨有的神，不管他的旨意如何，白牙依舊固守灰鬍子，不願拋下他。縱然灰鬍子出賣、遺棄牠，也不影響牠的忠誠。過去白牙並非毫無理由地把自己的身心完全奉獻給灰鬍子。牠對他毫無保留，這層束縛不會輕易被斬斷。

於是到了夜晚，等市集的人睡熟後，白牙又運用牠的牙齒去啃咬綁著牠的木杖。那木頭又乾又硬，而且緊貼著牠的頸部捆綁，因此牙齒很難以碰觸。牠唯有拚命拉扯肌肉、扭轉頸子才能將木杖啣在兩排牙齒間，而且僅僅是啣著而已；也只有靠無窮無盡的耐心、接連好幾個小時的努力，才得以啃斷那木杖。人們原以為這種事，狗不能辦到；那是史無前例的。但白牙辦到了。大清早，牠脖子上掛著半截木杖，輕快地從交易站跑出來。

牠很聰明。但如果單單只是聰明，牠就不會回到已經遺棄了牠的灰鬍子身旁。但牠始終忠貞不移，回到那兒準備接受第三度遺棄。牠再次乖乖任由灰鬍子把皮帶套在自己頸子上，帥哥史密斯也再度跑來討回牠。這一次牠被揍得更兇了。

那人揮動鞭子時，灰鬍子不曾給予任何保護，只是面無表情地袖手旁觀。白牙已經不是他的狗了。挨完這頓揍，白牙不支倒地。換成稟性柔弱的南方狗，這一頓下來早已被打死。然而牠沒有。牠的生活歷練一直比別的狗嚴厲，生性也比較堅毅。牠的活力太強，太執著於生命。但牠傷得太嚴重，一開始連勉強拖著身子走都不成，帥哥史密斯只好等牠半小時，白牙這才頭昏目眩、踉踉蹌蹌地隨帥哥史密斯回到交易站。

這一次，帥哥史密斯改用牙齒咬不動的鐵鏈來綁牠。就算牠用力衝撞，想將釘在木柵上的大鉤釘拔開也不能。幾天之後，囊空如洗、頭腦清醒的灰鬍子取道波丘帕河，展開漫長的返回麥肯錫之旅。白牙被留在育康，成了一個野蠻無比的半瘋狂之輩的財產。然而狗又怎能意識到什麼是瘋狂呢？對白牙而言，帥哥史密斯就算再怎麼可怕，也還是個道道地地的神。就算他充其量只能算是個瘋狂的神吧，反正白牙對瘋狂根本一無所知；牠只知道必須聽命於這個新主人，服從他每個荒誕不稽的念頭與幻想。

第三章　滿懷恨意

白牙在瘋狂的神調教下變得猶如惡魔一般。帥哥史密斯將牠鎖在交易站後面的一座圍欄裡，用盡各種小折磨揶揄、激怒牠，把牠逼得暴跳如雷。這人老早發現白牙對笑很敏感，並且加以求證過。每當把牠耍得心浮氣躁後，必定取笑牠一番。那刺耳的笑聲中充滿了譏誚，手指也作弄地對牠指指點點。在這情況下，白牙的理性完全喪失了。暴怒之中，牠甚至變得比帥哥史密斯更瘋狂。

從前，白牙向來只與同類爲敵——縱然是個兇狠的敵人。而今牠卻變成萬物之敵，而且更兇狠。無所不用其極的折磨，使牠徹底失去理智，盲目地憎恨一切。牠痛恨那束縛住牠的鏈條；痛恨透過獸欄的石板瓦窺視牠的人；還有那些伴隨人們而來，在牠無計可施時，對牠惡意咆哮的狗。牠恨拘禁牠的獸欄的木頭。而自始至終，牠最最痛恨的便是帥哥史密斯。

但帥哥史密斯對白牙所做的一切其實都是別具用心。有一天，一大群人聚集在獸欄外。帥哥史密斯手持棍棒走進來，解開白牙頸子上的皮帶。等到主人出了獸欄後，擺脫鏈條的白牙在獸欄中橫衝直撞，想要直撲欄外那些人。牠的外型驃悍已極，足足五呎的身長，站起時到肩膀有兩呎半身高，遠比大小相當的狼重得多。牠從母親身上遺傳到狗類紮實的體重，因此超過九十磅的重量之中不帶一點肥肉，也沒有一盎司多餘的贅肉，只有肌肉、骨骼和肌腱——是最適宜戰鬥的肌肉構造典型。

獸欄的門再度被打開。白牙暫停衝撞。不尋常的事就要發生了；牠等著一看究竟。門再開大些，一條體型巨大的狗被推進來，檻門隨即砰然關上。白牙從未見過這種狗（那是一頭獒犬）；不過牠可沒被對方龐大的體型和兇猛的相貌嚇壞。對牠來說，現在檻裡終於有樣不是鋼鐵、木棒的東西可供洩恨了。牠縱身一躍、獠牙一閃，撕下獒犬頸側的皮肉。獒犬甩著頭，粗嘎地低吼著朝白牙衝去。然而白牙一忽兒東、一忽兒西，隨時都在飄忽不定地規避閃躲，並且不時撲上前來用牠的利牙撕咬獒犬，然後立即跳開，以逃避對方的反擊。

圍在檻外的人個個大聲鼓噪、喝采，得意忘形的帥哥史密斯眼看白牙把對方撕咬得皮開肉綻，更是沾沾自喜。打一開始，那頭獒犬就毫無得勝的指望。牠體型太笨重，行動又太遲緩。最後白牙被用棍棒打退了，獒犬才被自己的主人拖回場外。接下來是交付賭注；一枚枚錢幣在帥哥史密斯的手中叮噹作響。

漸漸地，白牙殷切期盼檻外聚滿了人群。那意味著一場戰鬥即將到來；而這是牠眼前唯一宣洩內在生命情緒的管道。遭受折磨、任人挑起憎恨的牠始終被囚禁在圍欄裡，所以除非主人相準時機放一條狗進來，牠根本沒有痛快洩恨的機會。帥哥史密斯把牠的戰力估得非常高，因為每次贏的總是牠。有一天，圍檻內陸續放進三條狗來與牠交戰。還有一天，他們將一條剛從野地中捕獲的大狼放進圍檻裡。甚至有一天，人們同時派出兩條狗來打牠一個。那是牠最慘烈的一仗，最後牠把兩名對手都咬死，自己也只剩下半條命了。

那年秋天初雪剛下，河流中漂著柔軟的雪泥。帥哥史密斯帶著白牙搭上一艘汽艇，準備經由育康河前往道森。如今白牙在這一帶已經大名鼎鼎，「戰狼」之稱名聲遠揚。汽艇舺板上那個關著牠的籠子邊，時常圍著一大堆好奇的人。牠若不是怒氣洶洶地衝著他們咆哮，便是靜靜躺在地上，帶著冷冷的恨意打量著他們。牠從未自問為何不能恨他們？牠只知道恨，而且迷失在恨意中。對牠而言，生活已變成一座煉獄。牠的本性無法任人拘禁在狹隘地方，但如今牠受的卻正是這種待遇。人們拿著木棒從籠子的欄杆間伸進來戳牠，激牠咆哮，然後再放聲取笑。

在這些人的包圍中，白牙的黏土被塑造得比造物者的計畫中更兇狠。幸而造物者早已賦予白牙可塑性。在這情況下，換成別的動物恐怕早已萎靡不振或死亡，而牠卻能夠自我調適、生存下來，也沒喪失原來的精神。帥哥史密斯這個專門折磨人的大惡魔或許有能力消磨牠的銳志，但至少到目前為止，他還沒做到。

若說帥哥史密斯體內有個撒旦，那麼白牙也有一個；而這兩個撒旦彼此不斷互相動怒。

以前白牙還有乖乖趴在地上、向手持棍棒的人投降的理智；現在這種理智已經蕩然無存了。只要看到帥哥史密斯，就足以教牠火冒三丈，而當彼此距離逼近，自己被棍棒逐退時，牠照樣會低吼、咆哮、張牙舞爪。那最後的一吼從來省不了；不管被揍得多兇，牠一定會再吼上那麼一聲。而等帥哥史密斯停手撤退時，白牙必然挑釁地追著他的背影大吼，再不然便撲向欄杆恨恨地怒聲咆哮。

汽船到達道森後，白牙上岸了。但牠依然待在籠子裡，在好奇的人圍觀中過著公開的生活。牠被掛上「戰狼」之名展覽，人們要花五十分金屑才能一睹牠的風采。牠沒有片刻休息的機會；不管躺下或睡覺，總會有人用尖銳的木杖把牠吵醒，好讓觀眾們覺得值回票價。爲了要使展覽能夠吸引人，帥哥史密斯幾乎隨時將牠保持在暴怒的狀態。

然而最最惡劣的還是白牙生活周遭的氣氛。牠被人們視爲最可怕的野獸；而這種感覺又穿透籠子的欄杆傳遞到牠心中。人們的每一句話語、每一個小心翼翼的動作，都讓牠深刻感受自己兇惡無比的形象。這形象助長了牠的兇焰，其結果只有一個——那便是牠的狠勁不斷地滋長、膨脹。這是牠黏土的可塑性——牠可以接受環境壓力揑塑——的另一個例證。

除被公開展出外，牠還是隻職業戰獸。只要戰事排定，牠就會被不定期地帶出籠外，領到距離城鎭數哩外的林子裡。爲了避免地方騎警干預，這種事情通常都在夜間辦理。等待幾個小時過去，天亮之後，觀眾還有與牠對打的狗也都到了。就這樣，白牙打遍大大小小、各種血統的犬隻。這是個野蠻的地方，觀眾也野蠻，通常一打就是生死戰。

由於白牙一直持續作戰，顯然死的都是牠的對手。牠根本不識敗戰的滋味。早年和利嘴以及整個小狗群的戰鬥，為牠奠立良好的根基。牠能夠牢牢抓住地面，沒有一條狗能把牠撞倒。這是狼族最愛的把戲——不管正面或者突然急轉彎，飛快撲到身上撞擊牠肩膀，希望能把牠撞翻。無論是麥肯錫獵犬、愛斯基摩犬、拉布拉多犬，或者西伯利亞雪橇狗和阿拉斯加雪橇狗（**按：兩者皆屬愛斯基摩犬**）全都失敗了。牠不曉得跌倒是怎麼一回事——人們交口接耳地這麼說，每次都睜大眼睛等著看這種事發生；但白牙總是教他們失望。

其次，牠那迅雷不及掩耳的動作也讓牠佔盡了便宜。不管牠的對手戰鬥經驗多豐富，也沒遇過一條行動像牠這麼迅速的狗。此外，牠那直接了當的攻擊也頗值得重視。一般的狗都有咆哮、豎毛、低吠等等前置動作，而牠們通常還未開始作戰或從驚愕之中回過神來，就被白牙撞倒、收拾。這種情況如同家常便飯，於是後來演變成必須先把白牙抓住，等待對手做完前置動作、充分準備，甚至展開第一波攻勢後才放開。

然而白牙最大的優勢與助力乃在於牠的經驗。牠比所有和牠對陣過的狗都了解戰鬥。牠打的架比牠們多，比牠們更懂得如何應付戰鬥伎倆與招術，本身的戰術也比牠們豐富，作戰方式更是幾近完美之境。

漸漸地，牠的戰事愈來愈少。人們對於找來與牠平分秋色的同等生物已不抱任何希望，帥哥史密斯迫不得已只好放狼跟牠打。那些狼全是印第安人刻意設陷阱捕來的，而白牙和狼的戰鬥必定場場吸引大批人潮。有一天，和牠對打的是隻母山貓；這一次白牙是為自己的生存而戰了。那母山貓的敏捷和牠不相上下，雙方的兇狠也是旗鼓相當；而白牙單憑獠牙做武器，母山貓在獠牙之外，卻還有帶著利爪的四肢。

可是經過母山貓這一役之後，白牙的戰事便完全終止了。牠沒有動物可打——至少沒有人們認為足以與牠一搏的動物可打。於是直到春季之前，牠一直被用來公開展覽。

到了春天，一個名叫提姆·齊南的賭客來到本地，帶來一頭克崙岱克地方首次見到的牛頭犬。這條狗和白牙的交戰顯然勢必不可免；約有一週時間，預測這場戰況便成了城中某些特定角落主要的話題。

第四章　緊纏不放的死神

帥哥史密斯解開白牙脖子上的鎖鍊退出場外。

這一次白牙沒有立刻發動攻擊。牠紋風不動地站在場中，兩耳向前豎，好奇而警覺地打量與牠相對的怪動物。牠從未見過像這樣的狗。

提姆・齊南把那鬥牛犬往前一推，低喝一聲：「上！」

那又矮又胖、外型笨拙的牛頭犬搖搖擺擺走到場中央，停下腳步，望著白牙眨眼睛。

群眾之中響起數聲吼叫：「上呀，柴洛基！宰了牠！吃掉牠！」

可是柴洛基似乎不急著作戰。牠回過頭來對著大叫大嚷的男子眨眨眼，溫馴地搖動半截殘餘的尾巴。牠並不是害怕，只是懶得動武。何況在牠看來，眼前那條狗似乎不像牠要打鬥的對象。牠不習慣和那種狗打鬥；牠在等著人們帶條真正的狗上場。

提姆・齊南走入場中，俯身逆著毛勢輕輕向前推拂、撫弄柴洛基肩膀的兩側。這些動作含著種種的暗示，同時具有激發怒氣的作用，因爲柴洛基已開始從喉嚨深處輕聲低吼起來。

牠的吼聲和主人手部動作的韻律相呼應。每當主人的手向前推到盡頭，吼聲就在牠的喉間響起，然後漸漸消逝，等待下一個動作開始時再重新發出。每次動作結束便是音調高揚時。若是動作猝然終止，柴洛基的吼聲便急遽竄高。

這對白牙不無影響。牠頸部的毛開始豎起，然後遍及肩部。提姆·齊南最後一推，然後退出場外。促使柴洛基上前的衝力止息後，牠繼續自動自發地曲著腿疾速奔行。這時白牙進擊了，引來人們一陣驚詫的讚歎聲。牠不像條狗，倒像隻貓般遠遠地一閃而至，在狠狠咬了對方一口後，又像貓般敏捷地竄開。

牛頭犬的粗頸子被撕開了一道傷口，鮮血從牠一隻耳朵後滴下。牠毫無表示，甚至連聲咆哮都沒有，只是轉身追逐著白牙。牠們一方是敏捷、一方是沈著，雙方的表現都激動了各自擁戴者的情緒。人們開始重新做選擇，增加原來的賭注。白牙一遍又一遍地前衝、猛咬，然後毫髮無損地跳開；然而牠那怪異的仇敵仍舊不疾不徐、步步爲營、鍥而不捨地追著牠。柴洛基這麼做是有目的的——這是在爲牠真正想做的動作熱身，沒有任何事情能使牠分神。

牠的整個行爲，每一個動作都揹負著這一個目的。白牙迷惑了。牠從未見過這樣的一條狗。牠沒有長毛做保護，身體柔軟易流血。牠像多數和白牙同種的狗那樣，有厚厚的毛皮阻礙牠的牙齒進攻。每次牠張口一咬，總能輕易深陷對方的肌肉，彷彿那狗毫無自衛的能力似的。另外一件讓人心慌的事是牠不像過去打慣的狗一樣，動輒扯著嗓門叫。挨了咬，牠頂多悶聲低吼或咕嚕，不出一點別的聲響，但對白牙的追逐卻沒有一刻鬆懈過。

柴洛基的動作並不慢。牠能夠非常快速地掉頭、急轉彎，只是轉向之後總看不到白牙。柴洛基也迷惑了。牠從未和一條自己無法近身的狗打過。通常打鬥的雙方都會互相想要貼近對方的身邊，而這條狗卻是一下子左閃、一下子右躲，四面八方，隨時和牠保持一段相當的距離。而當牠咬到自己時，又不死死咬住，而是立即鬆口，馬上衝到別的方向去。

然而白牙也咬不到牠咽喉下方的脆弱處。鬥牛犬站著實在太矮了，而牠那超大的下巴又替喉頭多了一層保護。白牙毫髮未傷地不時衝進又衝出，柴洛基身上的傷口卻一直增加。牠的頸部兩側和頭部都被撕扯和咬傷，鮮血汩汩地流著，卻沒有流露出一絲慌亂。牠繼續快速地追逐，中途一度完全停下腳步，對著旁觀的人群眨眨眼，搖動半截尾巴根，表示欣然樂意投入這一戰。

白牙趁這一瞬間飛撲上去並順勢衝開，在錯身而過之際撕咬那還未完全被扯下的耳朵。柴洛基略顯怒意再度展開追逐，奔馳在白牙的內圈，並且致力尋求針對白牙咽喉發動致命的一擊。白牙在間不容髮之際猝然竄到相反的方向，觀眾之間掀起一片讚歎的呼聲。

時間一分一秒過去，白牙依舊東跳西竄、閃躲退避，並不時在對方身上留下創傷。然而柴洛基也依舊篤定萬分地奮力追捕。遲早牠會完成目標，逮到機會一咬而獲勝。至於還未做到前，牠將接受對手施加在牠身上的所有傷害。牠的兩隻耳朵已被撕成一條條，頸部、肩頭傷痕累累，連嘴唇都掛了彩、滴著血——而這一切全在牠猝不及防的電光火石間造成。

白牙一次又一次企圖撞倒柴洛基；可惜雙方身高實在太懸殊。柴洛基身材矮，身體太接近地面。白牙屢試不爽，終於在幾度快速轉身、折返之間逮到一次好機會。牠逮著柴洛基放慢速度轉彎時把頭別到一旁，暴露出一側的肩膀來。白牙飛快衝上；只是牠的肩膀比對方高多了，在這麼重的衝撞力下，整個身體翻過對方身上。在白牙的戰鬥史上，這是人們第一次看到牠無法立穩足跟。牠在空中翻了半個筋斗，若不是及時像貓一樣猛一扭身以便讓腳先著地的話，鐵定會摔得四腳朝天。這一扭身，使得牠重重地側身摔在地下。剎那間，牠站起身來。但也就在這同一剎那間，柴洛基的牙齒已經逼近牠喉嚨。

這一咬並不成功；咬得太低，幾乎快到胸部的地方；但柴洛基始終沒鬆口。白牙不停左突右撞、拚命跳躍，想要擺脫鬥牛犬的身體。牠那緊咬不放、拖曳糾纏的重量讓白牙發狂。它就像個陷阱，束縛著牠的行動，限制了牠的自由。牠全身的本能都在反抗、抵制它。那是種瘋狂的反抗。一時之間，牠似乎完全神志不清。體內追求生命的力量泉源衝破牠的控制，生存的意願在牠身上勃發。牠被這股生命中的軀殼之愛所支配，所有聰慧全都消失了。牠彷彿已失去腦筋。牠的理智被肉體對於存活、行動的盲目渴望所取代。牠要不顧一切地移動；繼續不斷移動；因爲移動便是存活的表示。

牠一圈又一圈，旋身、折返、轉彎地奔跑，試圖甩掉那拖在牠喉頭的五十磅重量。而牛頭犬除了緊緊咬住牠，並沒有採取多少行動。偶然牠會極難得地四肢蹬著地面，以便蓄勢撲取白牙。但不一會兒又自動放鬆力量，任由對方瘋狂地拖著牠打轉。柴洛基的行動與直覺合而爲一。牠曉得自己緊咬不放是對的，全身泛起幾陣滿意的微顫，甚至閉上雙眼任由自己的身體被拖得團團轉，不在乎可能因此受到什麼傷害。那全無所謂。重要的是緊緊咬住；咬住不放。

白牙只在自己累慘的時候才停止旋轉。牠無計可施，也不明白何以會如此。在牠一生大大小小戰役中，從未遇過這種事，過去和牠打鬥過的狗也沒有那樣作戰的。和那些狗打架只要咬了扯、扯了跑，咬了扯、扯了跑。現在牠氣喘吁吁地半側躺在地上，而柴洛基卻還緊緊咬著牠，刺激牠行動，想要讓牠完全臥倒。白牙全力抵抗；牠可以感覺對方的下巴隨著一鬆一緊的咀嚼在移動，而每次移動都更靠近牠喉嚨。這隻牛頭犬的戰術是牢牢掌握手中已經擁有的，等機會來時再更進一步。白牙靜止不動時，便是牠的機會。而在白牙掙扎時，柴洛基只要咬著不放就滿足了。

柴洛基頸背的拱起處，是白牙牙齒唯一可及的地方。牠朝著從肩頭伸出的頸根部分咬去，卻不運用咬嚼的戰術，嘴巴也不適應這種戰法。牠只能用牠的利牙撕扯，使勁扯開一塊皮肉。這時兩犬之間的形勢改觀了。牛頭犬終於把牠四腳朝天地翻倒在地面，居高臨下地緊咬住牠的喉嚨。白牙像弓一樣弓起自己的臀部，四隻腳挖入仇敵的肚子，開始刨出一道道長長的傷口，倘若不是柴洛基趕緊以牠咬住的部位為軸心，騰開身子站到白牙的右上角，恐怕已被開腸破肚了。

白牙逃不掉對方緊咬不放的下顎。它就像命運一般冷酷無情，沿著頸靜脈緩緩往上移。唯一從鬼門關前救回自己性命的是頸部鬆垮的皮膚和覆蓋皮膚的濃毛。

那皮膚咬在柴洛基嘴裡，形成一團大圓球，濃密的長毛也大大阻礙了牙齒的效用。但柴洛基只要一有機會，便會一點一滴咬入更大片鬆垮的皮膚和長毛，慢慢扼緊白牙的咽喉。漸漸地，白牙的呼吸愈來愈艱困。

眼看著這場競技似乎就要結束了。柴洛基的支持者個個歡聲雷動，追加賭注。相對的賭白牙的觀眾便垂頭喪氣，拒絕接受十比一甚至二十比一的賭盤，只有一個莽撞的賭徒買下五十比一的賭注。這人便是帥哥史密斯。他跨進場中一步，用手指著白牙，開始冷嘲熱諷地笑牠。這一招果然奏效。白牙氣得發狂，集中殘餘之力量奮勇站起來。牠掙扎著在競技場中打轉，喉嚨拖著五十磅重的死敵，憤怒早已轉化為瘋狂。追求生命的力量泉源再度支配牠，智慧在肉體對生存的渴望前飛逝。牠一圈一圈來回奔跑。時而跌跌撞撞，時而摔倒再爬起。有時甚至前腳懸空而立，把牠那仇家也吊離地面，徒勞無功地想要甩掉糾纏不放的死神。

最後牠終於精疲力乏，搖搖晃晃地後仰倒地。牛頭犬迅速移動嘴巴的方位，咬入更多附在皮毛之下的肌肉，使得白牙的呼吸更困難。觀眾們為勝利者高聲喝采，聲聲大叫：「柴洛基！」「柴洛基！」柴洛基也猛搖短短的尾巴根回報。但群眾的喝彩並沒有使牠分心。在牠的尾巴和大嘴之間不存在共鳴的關係。搖尾巴歸搖尾巴，那張嘴仍然死死咬著白牙。

就在這時，群眾分心了。附近傳來鈴鐺聲，馭狗夫指揮狗群拖拉雪橇的吆喝聲清晰可聞。除了帥哥史密斯，人人憂心地張望，深怕來的是警方。不過他們實際看到的是兩名男子伴著狗群和雪橇朝這方向奔來，而不是奔向城中去，顯然是從一趟探勘之旅途中來到小溪旁。兩名男子望見那群觀眾，想要探知他們亢奮的原因。於是喝令雪橇狗停下，然後湊上前來。那名馭狗夫蓄著鬍髭，另一名身材較高、年紀較輕的男子臉上則刮得乾乾淨淨，皮膚也因爲血脈賁張以及在料峭寒風中奔跑而泛紅。

白牙實際上已經停止了掙扎，只是不時茫然地、痙攣似地抵抗一下。牠呼吸不到什麼空氣，而且隨著那無情的嘴巴愈咬愈緊，吸入的空氣也更稀少。若非牛頭犬剛咬著牠時部位低得接近胸膛，縱然空有皮毛護衛，喉頭的大動脈也早被咬破了。柴洛基花了不少時間才把咬住的地方一點一點往上移，這也使得大團的皮膚、毛球更容易卡在牠的嘴巴裡。

在這同時，帥哥史密斯深不可測的獸性已竄升到腦中，遏抑他僅有的那一點點清醒的神智。當他看到白牙雙眼開始呆滯，就知道這一仗輸定了。於是獸性大發，衝到白牙面前狠狠地踢牠。觀眾群中噓聲四起，還有的大聲抗議，除此之外，誰也沒有採取別的行動。情勢始終沒改變，帥哥史密斯也繼續猛踢白牙。這時人群之中起了一陣騷動。剛剛來到的高挑青年毫不客氣地用雙肩頂開旁人擠進競技場，帥哥史密斯正要再踢白牙一腳，全身重量都在另一隻腳上，重心不是很穩固。這時青年蓄足力氣，一拳重重打在他臉上。支撐帥哥史密斯的那隻腳離了地，整個身體像是騰到半空往後翻滾，重重摔倒在雪地上。

青年轉身對著群眾大吼：「你們這些懦夫！你們這些畜生！」

他很憤怒——神志清明的憤怒。當他視線掃過圍觀人群時，灰色的雙眼恍如金屬、銅鐵般冷硬。帥哥史密斯從地上爬起，抽著鼻子，怯怯地朝著他走來。剛來的青年不明白。他不曉得對方是個大懦夫，還以為他是要回來打架，所以大叫一聲：「你這畜生！」又一揮拳頭，把他打翻在雪地。帥哥史密斯認定只有雪地最安全，索性躺在那兒，不再爬起來。

「喂，麥特，過來幫個忙。」青年招呼隨他進入競技場的馭狗夫。

他倆雙雙俯身看那兩條狗。麥特抓住白牙，準備趁柴洛基鬆口時把牠拖出。年輕人則卯足全力掰著牛頭犬的下顎，想把牠的嘴扳開。可惜他白費力氣。

他又拉、又扯、又扭的，嘴裡直嚷著：「畜生！畜生！」

觀眾們開始忿忿不平，有的甚至出言抗議他們壞了大家的興致。但看到青年抬起頭瞪他們一眼後，大家又馬上噤若寒蟬。

「沒用的，史考特先生；這樣根本弄不開。」最後麥特說。

他倆暫停努力，打量糾纏在一塊兒的兩條狗。

「血流得不多，」麥特宣稱：「還沒完全咬進去哩！」

「但牠隨時可能做到。」史考特回答：「喂，你看到沒，牠的牙齒又往上移一點了。」

青年愈來愈激動，愈替白牙心急，一拳又一拳兇巴巴地猛揍柴洛基的腦袋。但柴洛基還是不鬆口。牠搖著短短的尾巴根，告訴大家牠明白那些重擊的含義，但牠也知道牢牢咬著對手是自己的職責；牠並沒有錯。

「你們就不會幫點忙嗎？」史考特絕望地衝著群眾大吼。

然而大家都不肯幫忙。相反的，他們還冷嘲熱諷地替他喝倒采，用種種可笑的建議潑他冷水。

「你得拿把槓桿才行。」麥特忠告。

青年從腰側的槍套中掏出手槍，想把槍口塞進鬥牛犬的嘴裡。他用力地一推再推，鋼鐵碰在緊咬的牙齒上那種摩擦聲聲入耳。兩名男子都是蹲跪在地，俯身處理兩條大狗。提姆．齊南耀武揚威地走入場中，停在史考特身旁，拍拍他肩膀，惡聲惡氣地說：「別弄斷了牠的牙齒，陌生人。」

「那麼我就弄斷牠脖子！」史考特反駁一聲，繼續用槍管又擠又塞。

「我說別弄斷牠的牙齒！」賭狗客的口氣更狠了。

如果說他是意在恫嚇的話，那麼這一招並未奏效。史考特根本不曾中斷努力，只是抬頭冷冷看他一眼，問：「是你的狗嗎？」

賭狗客咕嚕一聲。

「那你就過來把牠的嘴弄開。」

「喂，陌生人，」對方一字一字憤怒地說：「我坦白告訴你，這件事連我也辦不到。我不曉得要怎麼收拾善後。」

「那就滾到一旁，別來煩我！我現在忙得很。」

提姆．齊南站著沒動，不過史考特也沒再理會他。好不容易，史考特終於將槍口塞進柴洛基嘴巴一側，正要將它推向另一側。完成這道手續後，他一點一點，小心溫和地橇開柴洛基的嘴，麥特也一點一點拖出白牙皮開肉綻的頸子。

「準備帶走你的狗！」史考特強制命令柴洛基的主人。

賭狗客乖乖彎下腰去，牢牢抓住柴洛基。

「帶走！」史考特大聲提醒，同時撬開最後一下。

兩條狗被拉開了，柴洛基還在虎虎生風地掙扎。

白牙奮力想要站起來，卻始終無法成功。好不容易站起一次，又因爲四肢太過虛弱撐不住身體，而緩緩倒回雪地中。牠眼睛半開半闔，眼神渙散，張著嘴巴，舌頭無力地軟垂在嘴外。從外觀上看來，無論怎麼瞧都像隻已被勒斃的死狗。

麥特細細檢查，並宣稱：「牠精疲力盡了；不過呼吸還很正常。」

帥哥史密斯已經從雪地上爬起，走過來看著白牙。

「麥特，優秀的雪橇狗一條值多少錢？」史考特問。

依舊蹲跪在地，俯身照料白牙的馭狗夫計算了一下。

「三百元。」

「像牠這樣被咬得只剩半條命的呢？」史考特用腳輕推一下白牙詢問。

「半價。」馭狗人判定。

史考特扭頭望著帥哥史密斯：「聽到沒有，畜生先生？我要帶走你的狗；付你一百五十元。」他打開皮夾數鈔票。

帥哥史密斯把手藏在背後，拒絕碰他送過來的錢。

「我不賣。」

「噢，不；你要賣。」史考特篤定地說：「因爲我要買。這是你的錢。狗是我的。」

帥哥史密斯依舊揹著雙手，開始節節倒退。

史考特撲上前去，掄起拳頭準備揍人。帥哥史密斯想到準要挨揍，人便畏縮了。

「我有我的權利。」他一副要哭的聲音。

「你已經喪失擁有那條狗的權利。」對方答稱：「你是要收下錢，或是要我再揍你？」

「好吧！」帥哥史密斯驚恐萬狀地說：「但我是在有服氣的情況下收錢的。」他又補充說：「那條狗價值不菲。我不願任人掠奪。每個人都有自己的權利。」

「正是。」史考特把錢交給他：「每個人都有自己的權利。但你不是人，是畜生。」

「等我回到道森，咱們走著瞧！」帥哥史密斯出言恫嚇：「我要控告你。」

「要是你回道森敢多說半句，我就讓你滾出城去。懂了嗎？」

帥哥史密斯咕嚕一聲。

「懂了嗎？」史考特突然兇惡地暴吼一聲。

「是。」帥哥史密斯畏畏縮縮地咕嚕。

「是什麼？」

「是的，先生。」帥哥史密斯咆哮。

「瞧！他要咬人了！」有人大笑一聲，惹來一陣喧天大笑。

史考特轉身背對著他，回頭協助正在救助白牙的馭狗夫。

有的觀眾已經開始散去，有的三五成群地旁觀、議論。提姆·齊南加入其中一群人。

「那傻瓜是誰？」他問。

「衛登·史考特。」有人回答。

「衛登·史考特又是誰？」賭狗客問。

「噢，是最了不起的採礦專家之一。他和所有大人物都有交情。你若是不想惹麻煩，最好離他遠一點；這是我的忠告。他跟官員們個個都要好，金礦處處長更是他的至交好友。」

「我就知道這人大有來頭，」賭狗客表示：「所以打一開始就沒招惹他。」

第五章 無法馴服

「沒指望了。」衛登‧史考特坦承。

他坐在自家小屋的台階上凝視著馭狗夫。對方聳聳肩，表示同樣不抱希望。

他倆齊齊注視繃緊鏈條兇狠地豎毛、咆哮、想要撲向雪橇狗的白牙。那些雪橇狗受過麥特各式各樣的教訓——用棍棒傳授的教訓——曉得不要去打擾白牙；而縱然牠們躺在遠處，也會明顯感受牠的存在。

「牠是一匹狼，沒法馴服的。」衛登‧史考特說。

「噢，這可未必見得。」麥特不以為然：「不管你怎麼說，牠身上有很多地方像狗。不過有一點我很確定，絕對錯不了。」

馭狗夫停頓不語，滿懷自信地朝著穆茲海德山方向點點頭。

「喂，既然曉得就別惜言如金。」史考特等了一段相當時間後，精明地說：「快講。是什麼？」

馭狗夫用大拇指朝後指指白牙。

「不管是狼是狗都一樣；牠曾接受過馴養。」

「不！」

「我說是；還曾經套過挽具。仔細瞧瞧。有沒有看到胸前那些痕跡？」

「你說得沒錯，麥特。在帥哥史密斯得到牠以前，牠是條雪橇狗。」

「因此牠沒有什麼理由不能再當一條雪橇狗。」

「你是說——」史考特殷切詢問。不一會兒，希望消失，他搖搖頭：「我們已經養了牠兩星期，現在的牠只比以前更野蠻。」

「給牠一個機會。」麥特勸告：「把牠鬆開一陣子。」

史考特懷疑地盯著牠。

「沒錯，」麥特接著表示：「我知道你曾試過；但當時你並沒有拿棍棒。」

「那麼你就試試吧！」

馭狗夫抄起一根木棒，走到被鐵鏈綁著的白牙面前。白牙望著棍棒，那神態恍似望著馴獸師手裡長鞭的籠中獅子。

「瞧，牠一直盯著木棒。」麥特說：「這是個好跡象。牠不笨。只要我一棍在手，牠就不敢攻擊我。毫無疑問，牠並沒有完全發狂。」

當麥特的手接近牠的頸部，白牙豎毛、咆哮、伏低身子。但在牠瞅著逐漸靠近的手時，也同時留意著對方另一隻手中那支作勢欲打的棍棒。

麥特解開牠頸上的鏈條，同時往後倒退。

白牙不了解自己已經自由了。自從牠落入帥哥史密斯手中已有好幾個月：在那段漫長時間裡，除了被放出來和別的狗打鬥的時間外，牠從未嘗過片刻自由的滋味。打鬥完後，牠又會立即再被囚禁起來。

牠不知道這是怎麼回事；也許是神又要對牠施予什麼兇暴的行爲呢！牠謹慎戒懼地緩緩走著，準備隨時遭受痛擊。牠真的不曉得怎麼辦才好，這種事史無前例。牠做好心理準備，小心翼翼走向屋角，隨時預備閃避兩名緊盯自己的神。什麼事也沒發生。牠完全迷惑了；於是舉步往回走，停在十來呎外，專注地打量那兩名男子。

「牠會不會逃走？」白牙的新主人問。

麥特聳聳肩，「賭一賭嘍！要想知道結果，只有靜待下步發展。」

「可憐的傢伙，」史考特憐憫地喃喃低語：「牠所需要的無非是人類一點點善意的表示。」說著，轉身走入小屋內。

回來時，他手中拿著一塊肉拋向白牙。白牙一躍而走，隔著一段距離懷疑地端詳著它。

「嗨——喂！少校！」麥特大吼著警告，可惜太遲了，少校已撲向那塊肉。剎時間，少校的下頷太接近肉，白牙立刻攻擊牠，將牠撞翻。麥特衝上前來；但白牙行動比他更快。少校搖晃站起來，喉頭鮮血激噴而出，染紅了一大片雪地。

「好可惜！不過牠也是活該。」史考特急著說。

但麥特早已抬腿去踢白牙。一個撲躍、牙齒一閃、一聲尖叫。白牙兇猛地咆哮著，蹣跚倒退好幾碼。麥特則蹲下身子，檢查自己的大腿。

「牠咬得我真準！」麥特指著自己被扯破的長褲、內衣和逐漸擴大的血漬。

「麥特，我說過沒希望的。」史考特沮喪地說：「我偶爾也會想到這件事，不是沒有考慮過。現在已經走到這地步，我們別無選擇了。」

他邊說邊無可奈何地掏出手槍，打開槍膛，確定裡頭有沒有裝好子彈。

「聽著，史考特先生，」麥特反對：「那狗剛從煉獄裡出來，你不能期待牠馬上就變成閃亮耀眼的白天使。給牠一點時間吧！」

「瞧瞧少校。」

馭狗人打量著那條身負重傷的狗。牠躺在自己的血泊中，顯然只剩最後一口氣了。

「是牠活該。您自己也說了，史考特先生。牠想奪走白牙的肉，因此送了命。那是預料中的事。不為自己的肉奮戰的狗，我根本看不在眼裡。」

「可是瞧瞧你自己，麥特。狗的事牠沒做錯，可是總得有個限度吧！」

「算我活該，」麥特固執己見：「我幹嘛去踢牠？你自己也說牠沒做錯。那麼我自然無權踢牠。」

「殺了牠是樁好事。」史考特堅持：「牠根本無法馴服。」

「聽我說，史考特先生；給這可憐的傢伙一個奮鬥掙扎的機會。牠還沒有得到機會過。過去牠生活在煉獄中，這才第一次被鬆綁。給牠一個公平的機會，若是還不能符合期望，我會親手殺了牠。行吧？」

「天曉得我並不想殺牠，也不希望牠被人殺死。」史考特收起手槍：「我們就放牠自由行動，看看能對牠有什麼幫助。這就試試吧！」

他走到白牙面前，開始溫和地對牠說些安撫的話。

「最好拿根棍子。」麥特提醒他。

史考特搖搖頭，繼續嘗試博取白牙的信任。

白牙滿懷猜疑。眼看著就要發生什麼大事啦！因爲牠剛剛殺了這神的狗，又咬傷他的神同伴，除了一頓可怕的懲罰外，還能期待什麼？但面對懲罰，牠頑強依舊。牠齜牙、聳毛，目光警醒，全身戒備，隨時準備應付任何事。那神手中沒有棍棒，所以牠可以忍受他靠得很近。神伸出他的手，正要落在牠頭上。白牙全身縮成一團，緊張兮兮地匍匐在那隻手的下方。眼前有危險——準是包藏什麼詭計之類的。牠了解神的手；它們代表控制，善於帶來傷害。更何況，那會引起牠固有的反感。牠兇惡地咆哮著，身體伏的更低，但那手依然往下降。牠並不想咬那隻手，於是儘量忍受它所帶來的危機，最後體內的本能終於爆發開來，對於生命的無限渴求支配了牠的行動。

衛登·史考特本以爲自己行動敏捷，足以逃避任何猛咬或抓扯。然而白牙恰似一條蜷曲的蛇一般，又快又準地一擊而中，教他終於領教到牠那迅速非凡的動作。

史考特驚訝地大聲尖叫，用另一隻手捏住受傷的手緊緊握著。麥特破口大罵，衝到他身邊。白牙趴下來，聳著毛、露出長牙節節後退，眼中惡狠狠地閃著怨恨的光芒。現在牠可以想見自己馬上要受到一頓像帥哥史密斯那樣可怕的痛揍。

「喂！你要幹什麼？」史考特猛然大叫。

麥特早已衝進小屋，攜著一管獵槍出來。

「沒什麼，」他假裝漠不在乎，緩緩平靜地說：「不過是要實踐自己的諾言罷了。我想現在該是我依自己的話殺牠的時候了。」

「不；不要！」

「要；我要。看我的。」

正如方才麥特被咬時替白牙求情，現在換衛登·史考特爲牠告饒了。

「你說要給牠一個機會。好，就給牠機會吧！我們才剛開始，總不能一開始就終止。這次是我活該。喂——你瞧牠！」

這時白牙已經退到四十呎外的小屋牆角，帶著令人毛骨悚然的惡意對著馭狗人——而非史考特——咆哮。

「天！我一輩子也不敢相信！」馭狗人詫異萬分。

「瞧牠多聰明！」史考特趕緊接著表示：「牠和你一樣了解火器的意義。牠有智慧；我們得給牠的智慧一個機會。把槍收起來吧！」

「行；樂意之至。」麥特把獵槍靠在柴火堆旁。

「啊，你瞧瞧牠！」不一會兒，他失聲大叫。

白牙已經平靜下來，不再咆哮。

「這倒值得研究。你看！」

麥特伸手去碰槍枝，白牙立即高聲咆哮。他一退開獵槍旁，牠又合起雙唇，掩住利牙。

「來，逗牠一下。」

麥特拿起長槍，開始慢慢往肩上扛。他一動，白牙就跟著咆哮。槍愈往肩上靠，白牙叫得愈厲害。但等他一瞄準，白牙急忙竄到小屋的轉角後躲藏。麥特站在那兒，凝視著剛剛白牙所在空無一物的雪地。

馭狗人鄭重地放下獵槍，轉頭注視著他的主人。

「我同意您的看法，史考特先生。那條狗太聰明了，不該殺牠。」

第六章　親愛的主人

白牙眼看著衛登・史考特漸漸逼近，豎起長毛、高聲咆哮，宣告自己絕不乖乖任人懲罰。自從牠咬傷那隻現在綁著繃帶、吊著腕巾以防流血的手到現在，已經足足二十四小時。過去白牙曾經遭受延後實施的處罰，牠擔心這種情形即將發生。除此之外還有什麼可能？牠犯了褻瀆神明的罪行——牠的利牙深深咬入一位神明神聖的肌肉，而那神明還是高人一等的白皮膚神。根據牠和神交往的經驗，理所當然有著可怖的事情等著牠。

那神在幾呎外坐下。白牙看不出有什麼危險。神明實施懲罰時，一定都是站著的。再說，這神手中沒有棍棒。更何況，牠現在既無鐵鏈，也沒有木杖束縛，行動很自由。趁那神明站起時，牠可以逃到安全的地方。在這之前，牠不妨等著看看後續發展。

那神始終靜靜不動；白牙的咆哮慢慢轉變成低吼，然後漸漸消失在喉間，終至於完全停止。這時神開口了；白牙一聽到他的聲音，頸部的毛不由自主聳起來，喉間發出低吼聲。但神繼續安詳地說著，並沒有做出任何惡意的舉動。最初，白牙的低吼和他的聲音步調相同，兩者的音韻間有著一致的呼應。然而神一直滔滔不絕，用白牙從未接受過的語氣對牠說話。他的語氣是那麼柔和、那麼具有慰藉的作用，帶著一股溫文有禮的感覺，使得白牙莫名所以地受到一些感動。牠陶然忘我，忘了本能尖銳的警告，開始信賴起眼前這個神。在牠心頭，有著一股與人相處以來從未有過的安全感。

經過好一段時間，神站起來走進屋裡。出來時，白牙擔憂地細細審視他。他既沒有帶著長鞭、棍棒，也沒有拿武器。受了傷的手藏在背後，不知拿什麼東西。他像先前一樣，坐在距離白牙幾呎外的原地方，拿出一小塊肉來。白牙豎起耳朵，懷疑地研判那塊肉，眼睛同時瞅著肉和神，高度警覺任何明顯的行爲，繃緊全身，準備一發現有敵意的跡象就跳開。

然而懲罰依舊遲遲未來。神只是拿著那塊肉，湊近牠的鼻子，至於肉本身似乎也沒有什麼問題。白牙依然滿腹猜疑；儘管神的手一直誘人地將肉往牠面前送，牠還是拒絕碰它。神明是聰慧絕倫的，誰曉得那外表看似無害的肉裡隱藏著什麼詭計。在過去經驗中；尤其是在和婦女打交道時，肉和懲罰經常是一體相連的。

最後，神把肉拋在白牙腳跟旁的雪地上。牠小心翼翼地嗅著那塊肉，眼睛卻沒有看著它，而是緊盯著神。什麼事也沒有。牠叼起那塊肉吞進肚裡：仍舊沒有什麼事發生。神又拿出第二塊肉給牠；白牙還是不肯從他手中接下，於是神再次把肉拋到牠眼前。這樣重複數次之後，終於有一次神不願再將肉拋給牠，而是一直拿在手中等牠過來吃。

肉是好肉，而且白牙確實餓了。牠一小步、一小步，無限謹慎地接近那隻手。終於，牠決定從對方手中吃掉肉。牠雙眼始終不離這個神，兩隻耳朵往後伏貼，頭向前推進，頭背的毛不由自主地巍巍高聳，喉中同時發出一聲低吼，向對方警告自己不是好惹的。牠吃下那塊肉；沒出什麼事。接著一塊一塊吃掉所有的肉，也沒事發生。懲罰依舊往後延。

牠舔舔嘴巴，在一旁等待著。神繼續談話。他的聲音中帶著慈詳；白牙從未有過這種經驗。而牠的內心也湧起幾股從未有過的感覺。彷彿某種需要獲得滿足，內心的某個空缺被塡補，牠感受到一股莫名的愜意。這時本能的刺激、往事的警告再度襲上。神是狡獪萬端的。爲達目的，他們擁有各種難以預料的手段。

啊，牠曾經這麼想過！現在事情發生啦；神那善於製造傷害的手朝牠伸出，往牠的頭頂落下來。但神嘴裡還在說話。他的語氣輕柔和緩，雖然有手的威脅，聲音仍然激起白牙的信心。在相互衝突的情感、衝動中，白牙左右兩難。牠感覺自己彷彿要片片飛裂，不知耗盡多少力氣，才能藉由從未有過的躊躇，把體內爭相出頭的兩股相反力量統合在一起。

白牙妥協了。牠豎起毛髮、伏貼雙耳、高聲咆哮，卻沒有張口咬人或跳開。那手一直往下落，愈來愈靠近牠的頭。它碰觸牠豎起的毛髮末稍：牠在他的手下畏縮。而那手卻隨著牠下降，壓得更緊了。白牙幾乎是抖抖瑟瑟地縮著自己的身子，卻仍竭力保持鎭定。那隻破壞牠的本能觸摸牠的手，對於白牙是一種折磨。牠忘不了過去人的手帶來的種種災禍。但這是神的旨意，牠只好竭力忍受了。

那隻手以一種輕拍、撫慰的動作提起再落下。這動作持續不斷，但每次手一抬起，白牙的毛就會跟著豎立。而等到手一落下，牠的兩耳又會平貼，喉嚨裡也會湧出空洞的低吼。白牙一遍又一遍不停地低吼著警告，藉以宣示牠隨時準備回敬任何可能遭受的傷害。誰也不曉得神的不明動機什麼時候會揭露。那輕柔、鼓舞人信賴的聲音隨時可能爆發爲一聲怒吼，溫和、撫慰的手也可能變得像把虎鉗似的緊緊揪著牠，施予懲罰。

但神始終輕輕柔柔地說著，那隻手也始終不帶半點惡意起起落落地撫拍。白牙體驗到兩股不同的情緒。牠的本能討厭手。它帶給牠限制，違反牠傾向個別自由的意志。然而在肉體上這輕拍並未帶來痛苦，相反的，甚至有一種愉快的感受。那撫拍的動作小心而緩慢地轉變爲輕搔耳根子，肉體的感覺甚至更舒暢。但牠還是害怕；想像不測的災禍即將降臨，心中始終保持警戒。隨著兩種情緒的起伏震盪，享受與受苦兩種感覺輪流支配牠。

「天，我真不敢相信！」

麥特說著走出小屋。他捲著袖子，手中端著一盆洗過碗盤的髒水正要往外潑，看見衛登·史考特正在輕撫白牙，不由得停止手中的動作。

他的聲音剛一打破寂靜，白牙立刻向後跳開，兇狠地對著他咆哮。

麥特深深不以爲然地瞅著他的雇主。

「如果您不介意我說出心底話；史考特先生，容我放肆地說句您是兼俱十七種面貌的小丑，個個風貌不同，但都很了不起。」

衛登·史考特帶著優越的神態微微一笑，站起身來，走近白牙身邊，對牠說些寬慰的話；不過總共沒幾句。然後緩緩伸出手放在牠頭上，恢復被打斷的撫拍。白牙承受他的拍撫，兩眼帶著疑忌緊緊鎖住——不是拍牠的男子——而是站在門口那個人。

「您或許是頂尖的礦業專家；沒錯！沒錯！」馭狗人說：「不過小時候沒有逃家加入馬戲團，可真是您人生的一大損失哩！」

白牙一聽他的聲音就咆哮。不過這次牠不再由那隻手的底下跳開，仍舊任由它在頭上輕拍，在牠頸背舒服地順著毛撫摸。

這是白牙結束的開始——結束過去的生活以及憎恨的轄治。一段不可思議的嶄新美好生活正要展開。這需要衛登·史考特窮思殫慮、加上無限耐心才能辦得到。至於白牙，牠最需要的便是革除舊習性。牠必須漠視本能和理性的催促與衝動。拋開經驗，用生活本身驗證生活的虛僞。

白牙過去所認識的生活中，不僅無處包容現在所知的生活，而且兩者之間所有趨向都相反。總而言之，衡諸種種狀況，這次比起牠主動從荒野回到灰鬍子身邊，接受他爲自己主人時所要認識的環境，自我調適的規模都龐大。那次牠還小，帶著天生柔軟的本質，尚未定型，隨時準備接受環境的拇指來揉捏。但現在不同了。環境的拇指已經捏塑得太完整。在環境的塑造下牠不但已成型，而且歷經錘鍊成爲無情的戰狼。既兇猛又殘忍，既不愛什麼，也不接受關愛。要想完成這轉變本就如同逆水行舟，更何況又是在牠年輕的可塑性已不復存在的時候。如今牠身體的纖維已經變得粗糙多瘤節，經緯已然織成堅硬的料子，精神面貌恰似鋼鐵般，所有本能和自覺也都結晶成爲固定的規則、謹慎、嫌厭和渴望。

然而在這新的定位中，推擠、揉捏牠的環境之指把牠的堅硬軟化了，重新塑造成爲更好的模型。事實上，衛登·史考特就是這一根拇指。他已深入白牙本性的根源，憑藉善意觸動牠原已枯萎無力、幾近毀滅的生命潛力。這種潛力之一便是愛。過去白牙和神往來中最震撼的情感是喜歡，如今它已被愛取代。

但這愛不是一朝一夕形成的。它肇始於喜歡，然後一點一滴慢慢地發展。雖然白牙可以自由自在地行動，但牠並沒有逃走，因爲牠喜歡這新的神。這的確比過去生活在帥哥史密斯籠中的時候強得多，而且牠也需要有個神。當初牠離開荒野，爬回灰鬍子腳跟邊接受預期中的痛揍時，依賴人類的印證就已烙在牠身上。而在漫長飢荒結束，灰鬍子的村中再度有魚吃，白牙再度從荒野歸來時，這個印記再次被烙上。

因此，由於牠需要一個神，也由於牠喜歡衛登·史考特勝過帥哥史密斯，白牙留下了。爲了表示效忠，白牙自動扛起守衛主人財物的擔子。當那群雪橇狗全部睡著時，牠悄悄在小屋四周巡視，是以第一位夜間造訪的客人不得不以棍棒擊退牠，直到衛登・史考特來解危。幸而白牙很快便學會如何判別正直人士和宵小之輩，懂得依來人的腳步、舉止分高下。那些走起路來腳步響亮，一乾二脆來到屋前的房客，牠絕不找麻煩，只是在主人開門招呼對方入內前，始終目光炯炯監視著。至於躡手躡腳、拐彎抹角地繞路、偷偷摸摸張望、遮遮掩掩的傢伙，白牙必然毫不遲疑地執行起牠的公務，讓對方匆匆促促、顏面掃地的落荒而逃。

衛登・史考特親自擔負補償白牙的工作——或者該說是補償過去人類對白牙犯的錯。這是原則、良知的問題。他覺得過去白牙所受的苦是人類欠牠的債，一定要償還，因此對這匹戰狼格外親切和善，每天固定久久撫摸、呵護牠。

白牙由最初的狐疑、敵對，漸漸轉變成喜歡這愛撫。不過有個習慣牠始終拋不掉——低吼。從撫摸開始到結束，牠始終低低地吼著。不過如今吼聲之中透露著一個新訊息。陌生人聽不出這訊息；在陌生人耳中，白牙的吼聲中呈現著原始的兇殘，令人極端頭痛、毛骨悚然。然而自從白牙幼時在狼窩中發出第一聲小小的刺耳怒吼，多年以來牠的喉嚨已因累積無數兇猛的發聲而變得酷厲粗糙。如今牠無法柔化相同的喉嚨，表達內心感受的溫和。不過衛登・史考特充滿憐惜的耳朵相當敏銳，能夠從聽似兇狠的低吼聲中聽出新訊息——除了他，誰也聽不出那低沈的吼聲之中，依稀多了一股微微的滿足。

日子一天天過去，原先的喜歡迅速轉化變成愛。雖然意識之中不曉得愛是何物，白牙也漸漸察覺它的存在。它在牠體內形成一個空洞——一個飢餓、發疼、渴切地要求被填滿的空洞。它是一股痛苦、一股不安，只有在被新神撫摸時才會覺得舒暢。在這個時候，愛就是牠的喜悅——一股令牠興奮欲狂的愜意。但只要和神一分開，痛苦、不安就回來；體內的空洞猛然躍出，空虛感覺壓迫著白牙，飢渴無止無休地啃齧牠。

白牙正在逐步發掘自己。儘管牠年紀已成熟，也被塑造成兇殘嚴厲的型態，本性卻才正要怒放。牠的體內有著各種莫名的情感與罕有的衝動在萌芽，往日的行爲規範也在變化。過去牠喜歡舒服和停止痛苦，討厭不舒服和痛苦，並且根據這原則來調整自己的行爲。但現在一切都不同了。

由於心頭這股新感情，牠常爲了主人寧可選擇不舒服和痛苦。因此每天大清早，牠不再到處閒逛、找食物，或者躺在遮風擋雪的角落，寧可在沈悶無聊的門階上枯守好幾個鐘頭，就只爲了要見神一面。到了夜晚神回家的時候，白牙又會離開自己在雪地上挖掘的溫暖臥舖，好迎接他友善的輕拍和招呼。肉——就連吃肉這回事——爲了和神在一起，接受他的輕撫或陪他到城裡，白牙都甘心放棄。

喜歡已被愛取代。而愛有如測錘般，沈入喜歡從未到達的心靈深處。而牠心深處也相對產出新生物——愛。白牙有施必有報。這是一個真的神，一個有愛的神明，一個溫暖燦爛的神明。在他的光華下，白牙的天性猶如陽光下的花朵般綻放。

但白牙並沒有率性表露出感情。牠年紀已太大，被塑造得太定型，無法以輕易、以新的方式表露內心的真情。牠太老成持重、太過固守自己的孤獨。牠的沈默、冷漠、陰鬱已經養成得太久。在這一生中牠從未吠過，現在更無法學會在主人走近時發出一聲歡迎的吠叫。牠從不曾擋在路上，不曾爲了表達牠的愛而做出放縱、可笑的舉動。牠從來不曾跑上前去迎接牠的神。牠只在遠處等候著：但牠總是等候；總是在那兒等候著。牠的愛中帶著幾許崇拜的天性——一種單純、無言、沈默的愛慕。牠只能藉著凝視神的雙眼、視線隨著神的每一個動作移轉表達牠的愛。此外，當神注視著牠，對牠說話時，白牙便會因爲想要表達愛，肉體又沒有能力表達而顯得扭扭捏捏、怪不自然。

白牙學會在許多方面自我調適，因應新生活。牠深深了解不應找主人的狗麻煩。但統治的天性不甘受埋沒，於是牠先好好教訓牠們，讓牠們承認自己領袖群倫的權利，以後就難得再和牠們過不去。在牠進進出出，或者走入牠們之間時，這些狗必定自動讓路。而當牠張揚自己主意時，牠們也會乖乖地遵循。

同樣地，牠也開始容忍起麥特——因爲他是主人的擁有物之一。主人很少親自來餵牠，平日都是由麥特負責餵食——這是他的工作。但白牙區分得出自己吃的是主人的食物，麥特則是受主人委託來餵牠。麥特想在白牙身上套挽具，讓牠和其他的狗一塊兒拉雪橇，卻沒有辦法做到。直到衛登・史考特把挽具套在白牙身上讓牠做事，白牙這才明白麥特駕馭牠、要牠工作，正如他駕馭主人別的狗、要牠們工作一樣，都是出於主人的意思。

和麥肯錫的平底雪橇不同的是克崙岱克的雪橇底下有滑板，此外兩者駕馭狗的方法也不同。在這兒，人們不把狗隊排成扇形，而是一隻接一隻拖著兩條挽韁，排成一縱列奮力工作。在克崙岱克，帶頭的就是領袖，整個狗隊都怕牠、服從牠。無可避免的，白牙很快就取得領袖的地位。要牠屈居人後絕對不可能。在經過許多麻煩、不便後，麥特深深了解這一點。這個位置是白牙親自挑選的。經過實際考驗後，麥特也以強而有力的語言對牠的判斷大表支持。但白牙白天雖然從事拉雪橇的工作，夜晚卻沒放棄守衛主人財物的責任。就這樣牠日夜兼職，始終勤勉不懈、忠心耿耿，是所有的狗當中最有價值的一隻。

「容我一吐爲快！」有一天麥特說：「當初你用那個價格買下這條狗實在聰明極啦！用揮拳揍帥哥史密斯這一招唬他也真夠高明！」

衛登·史考特的灰眼中再度閃露當時的怒色，狠狠地嘀咕一聲：「那畜生！」

晚春時節，白牙遇上一個大苦惱——親愛的主人不見了；事前沒有半點兒預兆。其實預兆是有的，只是白牙對一些事情不熟悉，也不曉得打包行李的意義。事後牠想起這些打包工作就是主人不見的前兆：但在當時牠卻根本沒想到。那天夜裡，牠徹夜守候主人來。午夜時分，凜冽寒風把牠吹到屋後去避寒。在那兒，牠半睡半醒地打著盹，耳朵還是豎得直挺挺地等待第一個熟悉的腳步聲響起。然而到了凌晨兩點鐘，焦急的牠卻再也顧不得寒冷跑到屋前台階上，蹚著身體等待著。

可是主人根本沒回來。到了早上，小屋門開了，麥特走出來。白牙帶著殷切的眼神望著他。他們之間沒有共通的語言，讓牠了解牠想知道的事情。日子一天天過去，主人始終沒露面。從小到大不曾生病的白牙病倒啦！牠病勢沈重——嚴重到最後麥特不得不把牠帶進屋裡，同時在寫給僱主的信中附帶提起白牙。

在薩克市讀信的衛登・史考特看到信的正文後有這麼一段——

那該死的狗不工作、不吃東西，一點元氣也沒有。所有的狗都在欺侮牠。牠想知道您怎麼啦，而我又不曉得如何告訴牠。說不定牠會死掉。

正如麥特信上說的，白牙不吃東西、沒有精神，任由每一條狗攻擊牠。牠躺在靠近火爐的地板上，對食物、對麥特都提不起興致，對生命也一樣。不管麥特對牠輕言細語、大聲咒罵全沒用；牠頂多只是將沈滯的視線轉向那男子，然後又習慣性地把頭趴回牠的前腳上。

後來有一天晚上，麥特嘴裡呢呢喃喃地正在閱讀，突然被白牙一聲低低的嗚咽嚇一跳，牠已經站起身來，耳朵朝著大門豎起，全神貫注地傾聽。沒有多久，麥特聽到一個腳步聲。

門打開後，衛登·史考特走進來。兩名男子握握手，然後史考特環顧屋內一眼。

接著他在靠近火爐處，發現白牙站在原先躺臥的地方。牠沒像別的狗一樣衝上來，只是站在那兒望著、等候著。

「那匹狼呢？」他問。

「我的媽！」麥特尖叫：「瞧牠竟然搖著尾巴哩！」

衛登·史考特一面呼喚，一面大步朝著牠走來。白牙雖然不是大步跳上來，卻也快速迎向他。牠因為難為情而顯得困窘；但當雙方接近，眼中卻流露出一股奇異的表情。一股言語無法形容的巨大情感湧上牠眼眸，形成燦爛愉悅的光采。

「你不在的這段時間內，牠從來沒有那樣看過我。」麥特說。

衛登·史考特沒聽到麥特說什麼。他正蹲在地上，和白牙面對著面撫慰牠——他搔搔白牙的耳根，順著牠的毛從頸部往肩頭撫摸，用他的指尖輕輕拍著白牙的脊柱。白牙也以低吼相呼應；吼聲之中那呢喃輕哼的味道比起從前更明顯。

不止如此。牠的喜悅；牠那始終在心頭洶湧、掙扎著想表露出來的強烈愛意，終於找到什麼新的方式表達呢?突然間，牠伸長了脖子，把頭鑽進主人的手臂與身體間輕輕推擠。除了兩隻耳朵，整顆腦袋埋在他的臂彎裡又擠又揉，喉間的低吼也不見了。

兩名男子相互注視。史考特的眸中熠熠有光。

「天哪！」麥特聲音中充滿敬畏。

不久，他恢復鎮定，說：「我向來堅稱這匹狼是條狗。您瞧！」

親愛的主人回來啦，白牙迅速復元。牠在小屋中休養了一天兩夜，然後突然衝出屋外。家裡的雪橇狗只記得最近牠全身病懨懨，提不起半點力氣，完全忘了牠的勇武。一見牠走出小屋，牠們馬上一撲而上。

「痛痛快快鬧個夠吧！」麥特站在門口旁觀，快活地低語：「教訓牠們！教訓牠們——狠狠地教訓！」

白牙用不著人鼓勵；單是親愛的主人回來就夠啦！牠的體內再次充滿澎湃洶湧、無可壓抑的活力。牠純粹因喜悅而戰；發現只有靠戰鬥，才能將內心豐富的感情宣洩出來。結局當然只有一個：整個狗群都被打得落花流水、抱頭鼠竄，直到天黑之後才一隻接著一隻悄悄溜回來，溫馴謙卑地向白牙表示效忠。

學會將頭鑽在主人懷中後的白牙時常那麼做。那是最終的誓言；牠無法再進一步。牠的頭一直是牠最珍惜、保護的東西之一，向來討厭讓人家碰它。是牠身上的野性——對於傷害和陷阱的恐懼——促使牠湧起避免接觸的驚慌衝動。本能命令牠的頭必須保持自由。而今，在主人面前，牠卻把自己的頭送入孤立無援的位置。那是一種完全信賴、徹底歸順的表示，像是在說：「我把自己交給你，任憑你支配。」

回來不久之後的一個晚上，史考特在睡前和麥特打了一局橋牌。「十五——二；十五——四；加起來是六。」麥特正在記分，忽然聽見一聲高呼以及咆哮聲。兩名男子互望一眼，站起身來。

「那匹狼咬住某人啦！」麥特說。

一聲驚怒交集的尖叫促使他倆加速行動。

「拿燈過來！」史考特大吼一聲往外衝。

麥特拿盞燈跟著走出屋外。燈光下，他倆看見一名男子仰臥在雪地。那人雙手交疊，一手在上、一手在下，分別護住臉部和喉嚨，防範白牙的利齒。這麼做的確有必要。因爲白牙正暴跳如雷，惡狠狠地攻向他最脆弱的部位。從肩部到交疊的手腕處，那人的大衣衣袖、法蘭絨襯衫，還有內衣都被撕咬成碎片，兩隻手臂也傷勢慘重、鮮血直流。

這是兩名男子第一眼所看到的景象。緊接著衛登‧史考特握住白牙喉嚨，把牠拖開。白牙雖然掙扎咆哮，卻不再企圖咬那人，不久便在主人一聲嚴厲喝止中安靜下來。

麥特扶起那個人。等他站起身來，放下交疊的雙臂後，露出帥哥史密斯那張野獸似的臉。馭狗夫活像抓到熊熊烈火似的，倏地鬆開雙手。帥哥史密斯在燈光中眨眨眼、環顧四周。一見到白牙，臉上立即湧起懼意。

在這同時，麥特注意到雪地拋著兩樣東西。他把燈拿過去湊近一瞧，用腳趾尖指給主人看——是一條鐵鍊，和一支結實的棍棒。

衛登·史考特瞧見後點點頭，一語不發。馭狗人手按帥哥史密斯的肩膀，把臉湊過去。用不著說什麼，帥哥史密斯已經嚇成一團啦！

親愛的主人拍拍白牙，對牠說：「想把你偷走，嗯？而你不願意！對，對！那傢伙犯了大錯，是不是？」

「他一定是吃了熊心豹子膽。」馭狗夫竊笑。

依舊豎著長毛、情緒高亢的白牙聲聲低吼著，長毛慢慢地放下，輕哼的聲調依稀而渺遠，卻在喉嚨中漸漸高揚。

第五部

第一章 長途旅行

即使是在還沒有明確證據前，白牙也已從周遭氣氛中感受到即將來臨的災難。牠模模糊糊感覺有種變化快要發生。牠不知道原因何在，也不曉得憑藉何種方法，總之牠從神的身上感覺得出將要面臨的事情。神在渾然不知的情況下，微妙地將他們的意圖洩露給守在小屋門階的狼狗。雖然牠不曾踏入屋內一步，卻曉得他們腦子裡在盤算些什麼。

「嘿，您聽聽！」一天晚上用餐時，馭狗夫嚷著。

衛登·史考特側耳細聽。在門外傳來一聲低低的嗚咽，恍如依稀可辨的啜泣。等到白牙確定牠的神還在屋裡，還沒有展開神秘孤獨的行程，鼻中發出一陣長長的吸氣聲。

「我相信那條狗曉得您的心思。」馭狗夫說。

衛登·史考特帶著幾近哀懇的眼神隔桌望著同伴，但嘴裡的語氣卻不是哀求。

「我帶著一匹狼到加州要如何處置呢？」他詰問。

「就是說嘛，」麥特回答：「你帶匹狼到加州要如何處置？」

但這回答無法令衛登·史考特滿意。對方似乎是在以含糊其詞的方式評判他。

「白人的狗根本見牠不得。」史考特接著表示：「只要一讓牠碰到，非要了牠們的命不可。就算牠不讓我賠得破產，有關當局也會把牠抓去電殛。」

「我知道，牠是個徹頭徹尾的謀殺犯。」馭狗夫說。

衛登·史考特疑慮地盯著他。

「行不通的。」他斷然表示。

「的確行不通。」麥特附和：「唉，您還得雇個人專門照料牠才行。」

史考特的疑慮消失了。他愉快地點點頭，沒說什麼。在寂靜中，門口再度傳來那半啜泣般的低聲嗚咽，緊接著又是探詢似的長長吸鼻聲。

「毫無疑問，牠非常在乎您。」麥特說。

史考特陡然一怒，瞪著他說：「該死！我的心意我自己清楚，還曉得該怎麼做最好！」

「我同意。只不過……」

「只不過什麼？」

「只不過……」原本口氣柔和的馭狗夫語音一挫，突然怒聲怒氣地說：「算啦，你犯不著為這件事發這麼大的火。從你的舉止看來，誰都會以為你拿不定主意。」

史考特暗自沈思一會兒，語氣溫和多了：「你說的沒錯，麥特。我的確拿不定主意。這也正是困擾所在。」

「唉，要是我帶著那條狗走，可就荒謬之至啦！」沈默片刻後，他又說。

「是啊！」麥特這個回答，再度令雇主感覺不甚滿意。接著他又率真地說：「但我想不透的是——牠究竟是怎麼知道您要離開的？」

「我也不懂啊，麥特。」史考特悲哀地搖搖頭。

終於有一天，白牙從敞開的大門內看到要命的手提箱，而親愛的主人正收拾東西往裡頭放。另外，屋裡的人進進出出的，小屋中向來平靜的氣氛全被這奇異的倉皇和忙碌攪亂了。這是無庸置疑的明證。過去白牙只是感覺，現在證明牠的感覺沒有錯。牠的神又準備要做另一次旅行。上次他沒帶牠走。可想而知，這次自然也會把牠留下。

夜晚，牠發出長長的狼嗥。就像幼年時候，牠從荒野逃回聚落中，發現聚落消失了，灰鬍子的帳篷所在處只剩一堆垃圾，於是牠仰鼻對著淒寒的星星，發出長長的狼嗥對他們傾訴自己的悲哀。

小屋裡，兩名男子剛就寢。

「牠又不肯吃東西了。」麥特躺在臥鋪上說。

衛登·史考特的臥鋪傳來一聲含糊不清的咕噜，毛毯騷動了一下。

「從上次您不在時的情形看來，恐怕這次牠會死掉。」

對戶臥舖上的毛毯動得厲害。

「噢，閉嘴！」史考特在黑暗中大吼：「你比女人還嘮叨。」

「是啊！」馭狗夫回答；不過衛登·史考特不太確定他是否在偷偷笑自己。

第二天，白牙的焦慮不安更加明顯。只要主人一踏出小屋，牠就跟在他的身邊團團轉。要是他待在屋裡，牠便死守在門階。從開敞的大門內，牠可以瞥見地板上的行李。除了那只手提箱，還有兩個大帆布袋，以及一個箱籠。麥特正用一張小防水布，將主人的毛毯和皮外套捲起來。白牙看著這些準備，哀哀切切地嗚咽。

不久兩名印第安人來到小屋。白牙目不轉睛地望著他們扛起行李，由攜著寢具、提著手提箱的麥特領著走下山。但白牙並沒有跟著他們走，因為主人還在小屋內。不久之後麥特回來了。主人走到門口，把白牙叫進屋子裡。

「可憐的東西！」他搔搔白牙耳根，拍拍牠的背，柔聲說道：「夥計，我要到很遠的地方，不能帶你去。輕吼一聲吧——最後一聲，道別的一吼。」

白牙卻不肯吼叫。相反的，在殷切、憂愁地望了一眼後，牠把頭埋進主人的身體與手臂之間。

「汽笛響啦！」麥特大叫著；育康河畔傳來暗啞的船笛聲。「你得快快動身才行。不過千萬記得把前門鎖好。我從後門出去。快走吧！」

兩扇門在同一時間砰然關上，衛登・史考特等候麥特繞到屋前。屋裡傳來低低的嗚咽和啜泣，緊接著又是長長的吸氣聲。

「你一定要好好照顧牠，麥特。」下山時，史考特交代：「寫信告訴我牠的情況。」

「一定。」馭狗夫回答：「唉，可是您聽聽！」

兩名男子停下腳步。白牙正像死了主人時的狗那樣哀哀長號，聲音裡盡是淒愴。先是爆發出令人心碎的號啕，而後以悲涼的顫音消逝。一遍一遍，周而復始。

「極光號」是那一年裡第一艘開往外地的汽船，甲板上擠滿了成功致富的探險家和失敗的尋金客，個個全像當初一心一意趕到內地一樣，急著回到外地去。跳板旁，史考特和正準備回到岸上的麥特握手作別。但麥特一眼掃過對方身後時，兩眼卻是定定鎖在那兒，握在史考特掌中的手也頓時軟癱無力。史考特回頭一看，白牙正坐在幾呎外的甲板，帶著憂愁渴盼的神情望著他。

馭狗夫敬畏有加地輕罵一聲，史考特卻是目瞪口呆。

「你前門鎖了嗎？」麥特質問。

史考特點點頭，反問：「後門呢？」

「當然鎖啦！」麥特激烈保證。

白牙巴結討好地平貼耳朵，但仍坐在原地，沒有走上前來的意思。

「我得把牠帶上岸。」

麥特朝白牙走近兩步，白牙卻溜開了。

麥特箭步衝去，白牙便在一群乘客的腿縫之間閃躲。一忽兒俯身，一忽兒轉彎，一忽兒左閃右竄，在甲板上跑來跑去，躲避奮力追捕的麥特。

但親愛的主人一開口，白牙馬上乖乖走到他身旁。

「我餵牠好幾個月，牠偏不來我這兒。」馭狗夫忿忿不平地嘀咕：「而您——您不過在最初那幾天餵牠套交情。我真不明白牠是怎麼看出您是老板的。」

正在輕撫白牙的史考特突然彎下腰去，指著牠頸部剛剛割傷的幾道傷痕，和兩眼之間一道深深的傷口。

麥特彎腰用手摸遍白牙的腹部。

「咱們把窗戶給忘啦！牠的腹部沒剩下一處完膚，準是破窗而出的。好傢伙！」

但衛登·史考特並沒有在聽。他正飛快地思考。「極光號」上已響起最後一聲啓航的汽笛，送行的人們紛紛跳下跳板上岸去。麥特解下自己脖子上的領巾，準備兜住白牙的頸項。

史考特猛然抓住他的手：「麥特，再會了，兄弟。至於這匹狼——你不用寫信啦！喏，我已經……」

「什麼！」馭狗夫驚呼：「您該不會是說……」

「正是。喏，領巾拿去。我會寫信告訴你牠的情況。」

麥特走下跳板，停步大喊：「牠會受不了那邊的氣候的。除非天暖的時候，您幫牠把毛剪短。」

跳板已經收起，「極光號」駛離岸邊。衛登・史考特揮手作別，然後轉身彎腰看著佇立身旁的白牙。

「吼吧！好傢伙，吼吧！」他輕輕拍撫那敏感的頭，搔弄牠平貼的耳朵。

第二章　南方

白牙在舊金山登岸。牠嚇呆啦！無須推理程序，不用意識活動，在牠內心深處早已將力量合神性聯結在一起。但當牠輕快地走在舊金山光滑的人行道，才發現白人遠比心目中的形象更神奇。在這兒，牠所熟悉的小屋已被巍巍高樓所取代。大街上，處處擠滿危險的東西——四輪馬車、雙輪馬車和汽車；碩壯結實的大馬拖著大貨車；龐大的纜車和電車轟轟隆隆呼嘯在其間，就像牠在北國林間熟知的那些山貓一樣，不斷發出嚇人的尖叫。

這些全是力量的展現。就像往日操縱事物一樣，人類透過這一切，在這一切背後監督、控制，並表現自我。這是偉大無比、令人目瞪口呆的。白牙敬畏有加，恐懼盤踞在心頭。正如幼年時期首日由荒野來到灰鬍子的聚落，白牙曾經感到自己的弱小和無力。現在，已經完全長大並以自身體力爲傲的白牙，再度感到自己的無力和渺小。還有，這裡的神好多啊！牠被人群擁擠的景象給瞧得頭昏眼花啦！街道上，震耳欲聾的轟隆聲響刺透牠耳膜。各種東西來來往往、無盡無休的移動與飛馳也教牠迷惑。牠對親愛的主人產生一股從未有過的依賴，不管發生什麼始終緊緊追隨他身畔，絕不讓他離開視線半步。

幸好白牙無須再忍受這夢魘一般的城市景象——它就像個虛幻可怕的惡夢，久久之後仍舊縈迴牠的夢境中。白牙被主人放進一部行李車裡頭，安置在成堆的箱子和手提箱之間。車廂裡有個粗壯結實的神在支配一切，把箱籠、行李拖進拖出製造許多嘈雜的聲響。有時拖進行李扔在皮箱、旅行袋堆當中，有時又乒乒乓乓把它們拋出車門，丟給等在車子外的神。

白牙被牠的主人遺棄在這行李的冥府中——至少，白牙自以為是被遺棄啦！直到牠嗅出主人的帆布袋就在牠身旁，這才安心地保衛起它們。

「你也該來啦！」一個小時候，衛登·史考特出現在車門口，車上的神吼著：「你那條狗連碰都不讓我碰你的東西一下。」

白牙從車廂中探出頭來，頓時感到錯愕萬分。城市的夢魘不見啦！原本牠把車子當成大房子中的一個小房間，一旦進入車內後，城市就在牠周圍。然而就在這段時間裡，城市消失啦！喧囂擾嚷不再刺痛牠耳膜。眼前是座歡愉的鄉村。陽光在鄉村中閃耀，寧靜之中透露著閒適。然而牠的驚歎稍縱即逝，隨即像接受神們無數的作爲與表現般接受這一切。神的作風本就是這樣。

路旁有部馬車在等著。一名男子和一名婦人接近主人的身邊。婦人伸手摟住主人的脖子

——這是敵意的動作，不一會兒工夫，衛登·史考特急忙離開婦人的擁抱，靠近已然暴跳如雷，咆哮貫耳的白牙。

「媽，沒事。」史考特一面緊抓白牙安撫牠，一面告訴婦人：「牠以爲您要傷害我，所以才受不了。沒事的——沒事。牠很快就會了解了。」

「而這段時間內，我只有趁著兒子的狗不在，才能好好疼愛我的兒子嘍！」她嘴裡笑說道，人卻早已嚇得蒼白無力了。

她注視著白牙，而白牙仍然聳著毛咆哮，對她怒眼相向。

「牠必須馬上了解；而且一定會馬上了解。」

他溫和地對白牙說說話，撫平牠的情緒，然後語氣變得很堅決。

「趴下，快！趴下！」

這是主人教過的事之一。白牙雖然慍怒，還是悻悻然遵命照辦。

「好了，媽。」

史考特張開雙臂擁抱她，眼睛卻盯著白牙。

「趴下！」他警告：「趴下！」

悄悄豎起長毛、半蹲半立的白牙只好趴回地上，看著那敵意的動作重演。但這動作並沒有帶來傷害，接下來那個陌生男神的擁抱也沒有。隨後行李被送入馬車中，兩名陌生的神和親愛的主人也跟著上車。白牙追著馬車跑；時而跟在馬車後警戒，時而衝到拉車的馬旁邊，豎起長毛警告自己就在旁邊看著，絕不容牠們在風馳電掣奔馳中爲牠的神帶來一絲絲傷害。

十五分鐘後，馬車搖搖晃晃穿過一座石子大門，來到兩排彎彎垂扶、相互交錯的胡桃樹之間。樹的兩旁延伸寬廣的草坪，草坪上處處點綴高大粗壯的橡樹。附近不遠處，陽光曝曬下的乾草場呈現棕褐與金黃，和色澤嫩綠、精心保養的草坪恰成強烈的對比；乾草場的後面，則是茶色山巒以及高地畜牧場。在草坪盡頭，從谷地和緩隆起的第一段山坡上，矗立一座深門廊、多窗戶的房屋。

白牙沒有多少機會細觀這一切。馬車才剛進入此地，就有一隻眼神晶亮、尖頰長鼻的牧羊犬義憤塡膺地欺身撲來，在牠與主人之間將牠截下。白牙沒有咆哮示警，只是聳起長毛，靜悄悄地發動致命的撲擊。不過牠這波撲擊並沒有完成。爲了竭力避免和攻擊中的對象相接觸，牠猛然繃緊四肢、煞住自己的衝力，在途中困窘地停步，險些兒便一屁股跌坐在地上。對方是條母狗；同類的法則在他倆之間硬生生畫下一道界線。對牠而言，想要攻擊對方就得違背自己的本性。

但對牧羊犬來說就不同了。身爲雌性，牠不曾具備這本性。相反的，身爲一條牧羊犬，牠對荒野卻有著本能的恐懼，尤其對狼的恐懼更是異常敏銳。

在牠眼中，白牙是匹狼；是自從牠的某個遠祖開始守衛羊群以來，就一代傳過一代的掠奪者。因此，在白牙爲了避免接觸而煞住腳步，放棄攻擊的同時，對方卻是一撲而上。當牠察覺自己的肩膀被對方咬中，嘴裡不由自主地發出咆哮。但除此之外，並沒有進一步傷害對方。白牙狼狽地繃緊四肢、節節後退，想要繞過母狗而行。牠躲躲閃閃、左拐右突，卻始終達不到目的。對方依舊一直擋住去路，不肯讓牠通行。

「喂，卡麗！」馬車中的陌生男子高喊。

衛登・史考特笑哈哈地說：「爸，沒關係。這是個好訓練。白牙要學的事很多，最好現在就開始。牠會順利適應的。」

馬車繼續向前跑，而卡麗依舊擋著白牙的路。白牙想要離開車道，繞經草坪超越牠。但卡麗跑的是內圈。圈子小，隨時都能擋在前面，用牠的兩排森然利齒對付白牙。白牙返身衝過車道到另一片草坪，卡麗還是擋在牠前方。

馬車載著主人走遠了。白牙瞥見它消失在樹影間。眼看著追上主人就要無望，白牙再次繞圈子。卡麗飛速追上來，白牙猛然轉身面對牠。這是白牙慣用的戰術，肩對準肩，衝撞對方。卡麗不僅被撞倒，還因爲剛剛奔跑速度太快而在地上一路側滾翻。自尊受挫、忿忿難平的牠一面奮力用腳抓碎石想要停下，一面尖聲大叫起來。

白牙拔腿就跑。障礙已經消除，正符自己所望。卡麗追著牠，一路不停地大叫。眼前是筆直道路；真要奔跑，白牙可以帶給牠很多示範。牠蓄足全力，歇斯底里地狂奔。每向前衝刺一步，都看得出費了好大的勁。而白牙卻一直在牠前方輕盈地奔馳。無聲無息，不費吹灰之力，像道魅影一般在地面上滑行。

白牙繞過房屋來到上下馬車的門廊。馬車已經停住，主人正要下車。就在這時，仍在全速奔馳中的白牙猛然察覺來自身側的襲擊。衝向牠的是隻大獵犬。白牙想要加速衝過。但牠原本速度已太快，對方又太逼近牠。結果牠被撞倒腰側；由於出其不意，前進的衝力又太強，白牙被撞拋在空中，落地時又打了個滾翻。等牠站起的時候，已是一副氣洶洶的樣子。兩耳向後平貼，咧嘴皺皮，嘴巴狠狠一咬，差點就咬入獵犬柔軟的咽喉。

主人朝前奔來；可是遠水也救不了近火。最後拯救獵犬一命的是卡麗。原本白牙可以箭步一躍、發動致命的攻擊；但就在牠跳躍之時，卡麗也到了。牠剛被白牙巧計取勝，跑又跑不贏牠，更甭提被牠無禮地撞倒在碎石路面上。因此牠像一陣暴風似的颳來——一陣由受創尊嚴、正義之怒，以及對這荒野來的掠奪者發自本能敵意所形成的暴風。卡麗在白牙跳躍之中攔腰一撞，使得白牙再度被撞翻在地，打了個滾翻。

主人隨即趕到，一手抓住白牙，他的父親則把兩條狗叫開。

「嘿，這對一匹孤零零從北極來的可憐狼，可真是熱情招待哇！」主人輕撫白牙，讓牠平靜下來：「聽說牠這輩子才跌倒過一次；而在這裡，短短半分鐘內，卻已經打了兩個滾翻啦！」

馬車已經被拉走，屋裡走出好幾個陌生人。有些恭恭敬敬地遠遠站著，但其中兩名女子卻對主人做出摟抱脖子的敵意動作。不過白牙漸漸開始包容這動作。它似乎不會帶來傷害，況且神發出的聲音也不帶半點威脅。那些神也想和白牙套交情，可是白牙卻用咆哮聲警告她們走開，主人也用語言提醒她們別惹牠。遇到這種情形，白牙就會偎在主人的腿邊，接受主人的輕拍和安撫。

在一聲：「狄克！躺下，快！」令下，狄克早已爬上台階，側臥在走廊，一邊低吼，一邊惱怒地瞅著白牙。卡麗由一名女神照顧。她用雙臂摟著牠的頸子，輕輕撫摸、安慰牠。但卡麗非常擔憂困惑，不斷焦躁地嗚咽，生氣人們允許狼進來，同時深信他們做錯了。

所有的神都走上台階，進入屋子裡。白牙緊緊追隨著主人。狄克在走廊上低吼，台階上的白牙也豎毛、低吼回敬。

「卡麗帶進屋裡，把牠倆留在外頭痛痛快快打一架。」史考特的父親建議：「打完之後，牠們就會變成朋友啦！」

「那麼屆時為了顯示自己的友誼，白牙一定會成為葬禮上的首席哀悼者嘍！」主人付諸一笑。

老史考特先生不可置信地看看白牙，再望望狄克，最後盯著兒子。

「你是說……」

衛登點點頭，「正是。不到一分鐘——頂多兩分鐘，狄克必死無疑。」

他扭頭招呼白牙：「來吧，狼兄，該進屋的是你。」

白牙緊繃四肢走上台階、穿過門廊，尾巴直豎、兩眼始終盯著狄克謹防偷襲，同時準備應付任何可能從屋內飛撲而來的東西——未知兇狠猛烈的呈現。但屋內並沒有撲出任何可怕的東西；牠進了屋，小心翼翼地四處偵察一下，沒找出什麼來。於是牠心滿意足地打聲咕嚕，躺在主人腳跟旁，留神觀察每一個動靜，隨時準備一躍而起，爲自己的生存，與牠認定必然潛伏在這屋簷下的恐怖事物搏鬥。

第三章　神的領土

白牙不僅天生善於適應新環境，而且閱歷豐富，深知適應的意義和必要。在「山陵遠景」——史考特法官領地的名稱——白牙很快便能應付自如了。牠和兩條狗之間沒再起過什麼嚴重的衝突。牠們比牠更了解南方神的作風；在牠們眼中，當牠陪伴神們進屋時，就已取得資格了。牠是一匹狼，可是神們既然史無前例地核准牠留下；牠們身為神的狗，也只能認可這項裁定了。

最初，狄克不得不三番兩次地自我克制，但不久之後牠便平靜地接受白牙是附屬於這座宅邸的一份子。若是依狄克所願，牠倆原可成為好朋友。但白牙討厭友誼；牠只要求別的狗都不要招惹牠。這一生中，牠始終孤立於自己族類外，如今牠依然渴望孤立。狄克的示好打擾了牠的清靜，於是牠咆哮著趕走對方。在北方，牠學會不要找主人的狗麻煩，現在牠也沒忘記這教訓。但牠堅持離群索居，做個獨行俠，根本不理睬狄克。最後那好脾氣的狗只得放棄牠，對牠的注意還不及對馬廄附近拴馬的柱子來得高。

卡麗可就不同了。牠肯接受白牙是出於神們的訓令，卻沒有理由要牠不去打擾對方。白牙與其同類曾對自己祖先犯下無數的罪行，這記憶早已成爲牠稟性之中的一個部分。牠們對於羊舍的蹂躪，不是一朝一代便可以遺忘。那是卡麗心中的芒刺，挑動牠復仇的願望。牠不能當著收容白牙的神面前撲襲；但這並不能防止牠用種種小伎倆折磨對方。牠倆之間存在宿世的冤仇，而牠——將提醒對方回憶起既往。

於是卡麗仗著性別優勢侵犯並欺壓白牙。白牙的天性不容牠攻擊對方，但卡麗的再三挑釁又不容許牠不理不睬。每當對方飛撲而來，白牙就用有長毛保護的肩膀去承受牠的利牙，繃緊四肢，大搖大擺地走開。若是對方逼迫太甚，牠便不得不兜著圈讓肩膀朝向對方，把頭別開。臉上、眼裡盡是忍耐、厭煩的表情。然而有時臀部被對方咬中了，白牙就只好加緊腳步，狼狽地逃開。不過一般而言，牠總是努力維持一份幾近嚴肅的尊嚴。牠盡可能不理會卡麗的存在，儘量遠遠避開牠。當牠看到對方走來，或者聽到對方接近，便主動站起身走遠。

白牙要學的事還很多。在北方，生活很單純。相形之下，山陵遠景的情況就要複雜得多。首先，牠必須認識主人的家人。這方面，牠多少還有些準備。譬如米沙以及克魯－庫姬；他們屬於灰鬍子，分享他的食物、柴火和毛毯。因此，在山陵遠景，所有住在屋中的居民都屬於主人。

但這裡頭也有差別；而且有很多差別。山陵遠景要比灰鬍子的帳篷大得多，必須注意的人也很多。這裡有史考特法官和他的妻子；還有主人的兩個妹妹貝絲與瑪莉；另外他的妻子愛麗絲，以及兩個孩子，剛會走路的四歲娃娃小衛登和六歲的茉蒂。沒人能夠告訴牠有關這些人的事，對於血緣以及親屬關係，牠又一無所知，也無從了解起。但牠仍然很快分辨出他們全屬於主人。接著，牠一有機會便仔細觀察，同時研究這些人的言語、動作，以及口氣和語調，慢慢了解與主人的親密關係，以及受到主人珍愛的程度。而白牙便根據這套明確標準分別對待他們。主人珍重的，牠便珍重。主人寵愛的，白牙就小心翼翼地保護——比方說那兩個孩子。

白牙從小到大都不喜歡小孩。特別討厭、並且畏懼孩子的手。在印第安人聚落中那段日子裡，牠從小孩手中領教的殘暴、專橫教訓並不和善。

當小衛登和茉蒂第一次接近白牙時，牠低吼著警告同時惡狠狠地盯著他們，在主人的一記掌摑和叱罵下，才不得不任由他們撫摸。只是喉嚨裡仍不住低吼，而且吼聲中沒有一點哼唱的味道。不久，牠注意到這對小男生、小女生在主人眼中是一對極其珍貴的寶貝。從此以後，用不著掌摑、叱罵，牠也任隨他們撫摸了。

但白牙從未流露過深情。牠帶著無禮但坦率的態度屈從於主人的小孩；像忍受什麼折騰似地忍受他倆的戲弄。一旦無法忍受，便毅然決然起身走開。只是經過一段時日，牠竟漸漸喜歡起這兩個孩子。雖然還是沒有大刺刺表現內心的感情，也絕不主動上前找他們。不過看到他倆時，牠卻不再起身走開，而是靜靜等待他們走近。再過一段時候，人們發現牠看見那兩個孩子接近時，眼中竟浮現懇求的神情，而等他倆離開牠去做別的遊戲時，牠也會帶著悵然若失的眼神送走他們的背影。

這一切都屬循序發展，需要花時間。孩子之外，牠最重視的是史考特法官。這，也許有兩個原因：首先，他顯然是主人相當珍重的擁有物；其次，他是個感情不外露的人。當法官在寬闊的走廊上看報時，白牙喜歡躺在他腳邊，接受對方不時投來的一瞥或一聲招呼——簡潔明白地顯示他認可白牙與白牙的存在。不過這只是在主人不在附近時才這樣。一旦主人出現了，其他一切在白牙眼中就都不復存在。

白牙准許全家人撫摸、褒獎牠；但牠從未對他們付出牠對主人所付出的。他們的撫摸，帶不來牠喉頭愛的哼唱，而且就算人們再怎麼努力，也無法讓牠把頭鑽入自己的懷中。這動作代表委身託付，任憑處置，與絕絕對對的信賴；白牙只能對主人表達。事實上，這一大家子成員，在牠心目中一直只是親愛的主人的擁有物。

此外，白牙也早早分辨出家中僕人與家屬之間的差別。前者怕牠，而牠也僅僅只是克制自己不去攻擊他們——這是因爲牠把他們也視爲主人的所有物。白牙與他們之間存在一種中立關係，如此而已。就像麥特在克崙岱克所做的，這些人爲主人烹飪、洗碗、做其他種種差事。總之，他們是這個家的附屬品。

家眷之外，白牙要學的事不少。主人的領土遼闊又複雜，不過畢竟還是有其界線與區畫。領土本身到郡道旁爲止，之外便是眾神的公地——馬路和街道。至於別的圍牆之內又是別的神們各自的領土。這一切事物都有各式各樣的規則在規範，並且決定應有的行爲。但牠不懂神們的語言，除了經驗之外，也無從學習起。牠先是遵循本性的衝動而行事，結果犯了幾次規。幾次之後，牠漸漸了解那一些規定，從此以後皆按照規矩來。

但是牠的教育之中收效最大的是主人的巴掌和詈罵。因爲白牙非常鍾愛牠的主人，他的一巴掌遠比灰鬍子或帥哥史密斯的任何一頓痛毆都傷牠更深。他們只能傷到牠的皮肉；皮肉之下的精神依舊暴怒、頑強而高亢。但主人的巴掌輕得根本傷不了牠的皮肉，卻傷到更深的地方。那是主人不滿的表示；只要一巴掌，白牙的精神就隨之而頹喪。

事實上，白牙難得挨到一巴掌；只要主人出聲就夠了。從主人的語氣中，白牙可以知道自己做對或做錯，據此修正自己的行爲，調整自己的動作。主人的聲音就是白牙在這片新土地、新生活中操槳掌舵的羅盤，爲自己行爲態度製表的依歸。

在北方，接受馴養的動物只有狗，其他動物全都生活在荒野。只要不是太強大，都是每一隻狗合法蹂躪的對象。從小到大，白牙一直在生物間獵食，牠想都沒有想過南方情況不一樣。但這一點，在住到聖塔・克萊拉谷不久，牠便學會了。一天清早，牠在房屋的一隅蹓躂，遇到一隻從養雞場中逃出來的雞。白牙與生俱來的衝動便是一口吃了牠。牠疾衝兩步，利牙一閃，在一聲驚叫之中把這冒險家禽吞進肚裡去。這雞是農莊所飼養，長得又肥又鮮嫩；白牙咂咂舌頭，覺得那是一道美味的佳餚。

當天稍晚牠又在馬廄附近遇到一隻四處遊蕩的雞。一名馬伕跑來搭救那隻小東西。他不知道白牙的血統，因此只帶一支輕巧的馬鞭當武器。

馬鞭剛一揮，白牙立刻拋下小雞對付他。一支棍棒或許阻止得了白牙，但鞭子沒有那功效。在飛撲中，牠毫無懼色地默默承受第二記鞭打，同時直取馬伕的喉嚨。

馬伕大叫一聲：「我的媽！」並踉踉蹌蹌向後退。他扔下馬鞭，用雙手護住喉嚨，結果小臂被撕咬得深可見骨。

馬伕嚇壞了。白牙的兇猛和牠的無聲無息同樣令他震驚。他依舊用受傷流血的手臂護著臉部和喉嚨，想要退到穀倉去。若非卡麗即時出現，只怕他還有得苦頭吃。正如先前救狄克一命，現在卡麗又成了馬伕的救命恩人。牠火冒三丈地撲向白牙。牠沒看錯。牠比那些糊塗的神更了解白牙。牠的一切疑慮都已被證實。這個掠奪世家又在重施故技了。

馬伕逃入馬廄。白牙在卡麗兇惡的利齒面前節節後退。再不然就兜著圈子，用肩膀去承受對方的攻擊。但卡麗一如慣例，每當經過一段相當時間的抵制後，脾氣一發就不肯善罷干休。相反的，牠愈鬧愈兇、愈激動。最後，白牙只得把尊嚴拋到腦後，倉倉皇皇逃跑了。

「牠得學會別找雞的麻煩。」主人說：「但除非當場逮到，我無法教導牠。」

兩天之後，白牙再度出動了，只是這次規模要比主人意料中的大得多。白牙早已仔細觀察過雞舍，以及雞隻的習性。那天夜裡雞隻棲息後，白牙爬到一堆剛剛運到的木頭上。再竄上雞舍頂篷、越過橫樑，跳到雞舍內。不過一眨眼工夫，牠便展開大屠殺。

隔天一早，主人來到走廊時，馬伕已經把五十隻白色來亨雞排成一排，恭候他大駕。他輕吹口哨；聲音裡先是帶著驚訝，最後竟透露出佩服之聲。他的視線投向同樣正恭候他的白牙；不過白牙看來似乎沒有半點羞愧或內疚；反而得意揚揚，彷彿剛完成一件實得褒揚獎勵的豐功偉業似的，完全不曉得自己犯了罪。面對這項吃力不討好的工作，主人抿緊了雙唇，然後嚴厲痛罵那無心的罪犯，語氣之中充分顯示神的暴怒。此外，他還壓著白牙的頭要牠去嗅死雞，同時重重摑牠幾巴掌。

從此以後，白牙不曾再侵入雞舍中。牠已經明白那是違規的。接著，主人又把牠帶進雞舍。白牙一看到生物在牠眼前及鼻尖亂撲亂動，天生的衝動就是去撲襲對方。牠遵循衝動行事，卻被主人喝止。他們繼續在雞舍之中停留半小時。白牙體內不時湧起衝動，而每當牠屈服於衝動，總會被主人的聲音制止。就這樣，白牙學會了規矩。在離開雞的領土前，牠已經學會無視於牠們的存在。

「你永遠也無法糾正一個殺雞犯。」午餐時，聽了兒子敘述教訓白牙的經過，史考特法官黯然搖首：「一旦牠們嘗過血的滋味，養成習慣……」說著又再度黯然搖頭。

但衛登・史考特卻不以爲然。

「這樣吧，」最後他挑戰地說：「我把白牙鎖在雞舍裡，讓牠跟雞相處一整個下午。」

「可是你得爲雞設想啊！」法官反對。

「除此之外，」衛登又說：「只要牠每殺一隻雞，我就付您一枚純金金幣。」

「但爸爸輸了也要罰。」貝絲插嘴。

妹妹瑪麗也跟著附和，於是全桌都高呼贊成，史考特法官也點頭同意。

「好吧！」衛登・史考特沈吟片刻：「那麼，要是過完這一下午，白牙若一隻雞都沒傷害，那麼牠每在雞舍待多久，您就得以十分鐘爲標準記次，像您在法庭鄭重宣判那樣，對牠說多少次：『白牙，你比我想像中更聰明！』」

全家人都躲在有利位置觀看情形進展，結果根本沒有好戲看。白牙被主人抛在雞舍中鎖住後，乾脆躺在地上睡。其間牠曾一度起來到水槽喝水，對於雞隻不理不睬，簡直當做沒有牠們存在。到了四點，牠挺身上躍，竄到雞舍頂棚上，然後跳到雞舍外著地，再莊莊重重地朝屋裡走來。牠已懂得規矩。於是史考特法官當著一家子開心的家人面前，在走廊上鄭重其事地緩緩對著白牙說了十六遍：「白牙，你比我想像中更聰明！」

然而一條條規矩多得數不清，把白牙全都搞昏了，甚至常常害得牠丟臉。牠必須學會不能碰到神的雞。此外還有火雞、兔子、貓等等，牠也不能招惹。事實上，在牠對所有規矩還一知半解時，總以為自己什麼生物都不能碰。因此在後頭牧場裡，鵪鶉可以在牠鼻尖拍著翅膀撲上撲下也沒事。不管牠是多麼緊張貪吃、躍躍欲試，還是壓抑所有本能，不敢採取任何行動，自以為是在遵守神的旨意。

後來，有一天牠在後方牧場看見狄克追逐一隻長腿長耳兔，主人也在一旁觀望，並未干涉。不！他甚至鼓勵白牙加入追逐哩！於是，牠了解獵殺野兔不在禁止的範圍。最後，牠好不容易學會所有的規則。牠和所有家禽家畜間，不能存在任何敵意。就算不能和睦相處，至少也得嚴守中立。至於別的動物——像是松鼠、鵪鶉，以及白尾兔——都是不曾效忠於人的野生動物，任何一條狗都可以合法獵殺牠們。神只保護馴服的動物，牠們之間不許存在你死我活的爭鬥。神的手中握有對這些動物的生殺大權，並且非常重視自己的權力。

經過北方單純的生涯，聖塔·克萊拉谷的生活顯得相當複雜。在文明世界的千頭萬緒中，首重節制和約束——也就是既要像紗翼的拍動般精微，又要如鋼鐵般嚴格的自我平衡。生活面貌千萬千，白牙發現自己每一種都得接觸。因此，當牠追著馬車前往聖荷西鎮上，或者在馬車停下後到大街小巷閒逛時，又深又廣、千變萬化的生活從牠身邊掠過，不斷衝擊牠的感官，要求牠不停立即調適與回應，而且幾乎是隨時逼迫牠壓抑天性的衝動。

肉舖裡掛的肉伸手可及，但這些肉牠不能碰。主人拜訪的人家往往養著貓，這些貓牠也不能惹。至於那些到處對牠狺狺作吠的狗，牠同樣不能夠攻擊。

此外，熙來攘往的人行道上，也有數不清的人對牠產生注意力。他們停下腳步瞅著牠，爭相對牠指指點點，對牠尖叫、說話，最糟的是還有人會摸摸牠。牠必須忍受這一隻隻陌生的手危險的接觸。

不過，牠還是做到了。不但做到，牠還克制了扭捏尷尬的毛病，淡然接受這些陌生神明多不勝數的關切，紆尊降貴地接受他們的慇懃。相對的，牠身上也散發著某種令人不敢過份狎近的氣息。他們只要拍拍牠的頭再順勢往下摸就會心滿意足，爲自己的大膽而開心。

但白牙的日子未必樣樣輕鬆如意。追著馬車在聖荷西近郊奔跑時，常有許多小孩子對牠扔石頭。但牠知道不能追逐那些孩子，也不能把他們撞倒，只能違抗自己自衛的本能。於是牠違抗了，因爲牠正逐漸馴化，合乎文明世界的要求。

但白牙本身並不滿意這樣的處置。牠對公平、正義固然沒有清晰的概念，卻有一股與生俱來的公正意識。這股意識促使牠對不許抵抗丟石頭孩童的不公平待遇感到怨恨。牠忘了在牠和神訂下的契約中，他們聲言照顧、保護牠。不過有一天主人卻手拿皮鞭，跳下車抽了那些扔石頭的孩子一頓。白牙知道從今之後再也不會有人對牠扔石子，心中很是滿意。

白牙還有過一次類似的經驗。在進城的途中，一家位於十字路口邊的酒店附近總是有三條狗在遊蕩。每當白牙經過時，牠們就飛撲上來。由於主人深知白牙奪命式的戰法，因此三番兩次對牠灌輸不許打架的規定。結果深深了解這教訓的白牙，每走過那十字路口旁的酒店一次就得嘗一次苦頭。打從第一次被撲擊後，白牙就以咆哮嚇阻那三條狗；牠們雖然不敢湊近，卻還是追在後頭，對牠又吠又趕，又侮辱。白牙默默忍受一段日子後，酒店裡的人甚至鼓動那些狗攻擊白牙。有一天，他們公然命三條狗追擊白牙，主人終於停下馬車。

「上吧！」他吩咐白牙。

白牙不敢置信。牠瞧瞧主人，再打量打量那三條狗，然後帶著渴盼、詢問的眼神回頭再望望主人。

主人點點頭，「上吧，兄弟！幹掉牠們。」

白牙不再遲疑。牠轉個身，無聲無襲地侵入敵陣間。一時間怒吼、咆哮聲齊響，四口牙齒各自鏗然有聲，場中只見牠們身影飛一般移動。馬路上塵沙飛揚，像雲霧般遮掩了戰況。

不到幾分鐘，其中兩條狗躺在泥沙中掙扎，另外一隻則飛也似的倉皇逃命。牠躍過一道溝渠，鑽過一片鐵欄杆圍籬，逃到一塊田野地。白牙以狼的姿勢、狼的速度，悄無聲響迅速地追逐，在田野中央撲倒對方，取走牠的命。

一次殺掉三條對手；白牙與狗之間的麻煩大多不復存在了。消息傳遍整個聖塔・克萊拉谷，人人各自小心，不讓自己的狗去招惹那一匹戰狼。

第四章 同類的呼喚

幾個月過去了。在食物豐富又不必工作的南方，白牙心寬體胖，過得很舒服。牠不只是身在南方土地，而且還過著南方的生活。人們的親切有如陽光般照耀牠身上，而牠就像種植在沃土中的花朵般盛放。

但牠和別的狗之間依然有些差別。牠對規矩的了解甚至比從小生活其中的狗都要深刻，觀察也更入微。但牠身上似乎依然潛伏兇狼的本性，彷彿荒野依舊逗留牠體內，狼性只是暫時睡著了。

牠從不跟別的狗當朋友。就同類方面而言，牠一直過著孤獨的生活，而且勢將繼續孤獨下去。幼年時期遭受利嘴和小狗群的欺凌，後來在帥哥史密斯手中與狗打鬥的日子，使牠對狗產生牢固不破的反感。生命的自然過程被扭曲；牠，避開同類，依附著人們。

除此之外，南方的狗也都用猜疑的眼光看待白牙。牠掀起牠們體內對荒野出自本能的畏懼；牠們總是用咆哮、怒吼，或者挑釁的敵意和牠打招呼。相對的，白牙也知道自己犯不著用牙齒對付牠們。只要掀掀唇、露露牙，效果已經好得驚人了。幾乎十次有九次都足以叫那些大聲咆哮、迎面撲來的狗乖乖地坐下。

只是白牙生活中仍有一個大磨難——卡麗。牠從不肯給白牙片刻安寧，也不像白牙那麼固守規定。無論主人多麼千方百計要使牠和白牙交好，卡麗一概不領。牠從未原諒白牙殺雞那一段插曲，也始終堅信牠心懷惡意。牠在白牙行動之前看出牠的犯意，同時據以將牠視同罪人。卡麗成了白牙的剋星。只要牠在馬廐附近或庭院間走動，卡麗就像警察似的追蹤牠。要是牠好奇地瞄瞄鴿子或雞一眼，卡麗更會氣急敗壞地大叫。牠最慣常用來漠視卡麗的方法便是頭枕著前腳靜靜趴下，假裝睡著了。每次只要使出這一招，卡麗就會驚訝得發不出半點聲音來。

除了卡麗，白牙在此事事都順遂。牠學會節制和鎮定，同時了解此地的規矩。牠做到沈著、穩定以及賢明的包容，也不再生活於敵意的環境。在牠心中，危險、傷害、死亡已經蕩然無存。每當未知帶著恐怖、威脅降臨牠身上，必定會在短時間內消失。這種生活輕鬆而舒適，日子平平靜靜地流過，沒有恐懼，也沒有仇敵潛伏在其間。

牠在不知不覺間思念起雪地。若是牠能為此思索，必定會想：「多麼漫長的夏天啊！」但牠不能思索，只是隱隱約約在潛意識中緬懷起雪來。相同的，在夏天烈日當空，曬得白牙吃不消時，牠也會似有若無地懷想起北國。然而這種懷思只會讓牠莫名其妙地感到不安和焦躁。

白牙一向不太會表達感情。除了把頭鑽進對方懷中，在愛的低吼中注入哼唱的音調，牠沒有辦法表露牠的愛。不過，牠終於學會了第三種方法。過去牠對於神的笑聲向來很排斥。笑會令牠暴跳如雷，惹得牠發狂。但牠根本不懂得對親愛的主人生氣。當主人用溫和、戲謔的方式笑牠時，牠會窘得不知要如何是好。牠可以感受舊日錐心的怒氣又升起，但這股怒氣會受到愛對抗。牠無法生氣；但得做點什麼才行。最初牠擺出莊嚴的姿態，結果主人笑得更厲害。於是牠努力裝得更威嚴，誰想到主人笑得更大聲。於是牠嘴巴微微張開，嘴唇稍稍向上抿，眼中流露出一股充滿愛意的滑稽樣。就這樣，白牙會笑了。

同樣的，牠也學會和主人一起頑皮地嬉鬧，讓主人把牠推倒在地打滾翻，充當他無數次惡作劇的對象。而牠則佯裝狂怒，兇狠地豎毛、怒吼，牙齒咔嚓一聲，活像要把對方咬死。但牠從未得意忘形，嘴巴也都是對著空氣咬。

到了最後，在一陣相互又兇又快地揮拳、掌摑、咆哮、亂咬，胡鬧個夠以後，他們就會猛然中斷喧鬧，相隔幾呎對立，彼此怒目相視。然後再以同樣突然的方式，像風狂雨暴的海面上倏地竄出太陽一樣相對大笑。最後，主人伸手摟住白牙的頸子和肩膀，白牙也哼哼嗚嗚地低吼出愛的曲調。

不過除了主人，誰也休想和白牙嬉鬧；白牙不容許。牠堅持維護自己的威嚴，只要他們企圖和牠玩，牠便毫不容情地豎起鬃毛厲聲咆哮。

牠允許主人這些特權並不意味自己是條普通狗，見一個愛一個，誰都可以和牠痛痛快快地嬉耍。牠絕不貶低自己，或者廉價出賣牠的愛。

主人經常騎馬出門，陪他同行是白牙生活中最重要的職責之一。在北方，牠靠奮力拖著雪橇工作來顯示忠誠。但南方沒有雪橇，狗也不馱負重物工作。因此牠藉由陪伴主人的馬奔跑來示忠，就算跑得再遠也不會疲乏。牠的跑步方式是野狼那種平滑順暢、不多費力氣、不會疲累的輕捷姿態。跑過五十哩，牠已經瀟瀟灑灑領先主人的座騎。

由於主人騎馬，白牙又擁有另一種表達感情的方式——特別值得注意的是，這種方法牠一生中只使用過兩次。第一次是發生在主人想要教導一匹生氣勃勃的馬，如何讓騎士在不下馬的情況下直接開門，關籬笆門。主人一再把馬騎近門邊，想要關上籬笆門。可是每次一到門邊馬就開始害怕、畏縮，扭身跑開，而且一次比一次緊張，一次比一次激動，甚至開始仰身懸蹄。主人用馬刺刺牠，要牠放下前腳，結果牠開始用後腳亂踢。白牙愈看愈擔憂，再也無法自制了，於是衝到馬前，開始兇暴地狂吠警告牠。

事後白牙雖然屢次嘗試再度高吠，主人也為牠打氣，牠卻只在主人不在場時成功過一次。那匹馬載著主人狂奔過牧場，突然一隻長耳野兔從馬腳下竄出。馬匹猛地一個急轉彎、顛躓一下，把主人摔落在地，跌斷一條腿。白牙勃然大怒，衝到那匹該死的馬匹咽喉前，卻被主人喝止住。

「回家！快回家！」主人確定自己的傷勢後下令。

白牙不願拋下他。主人想要寫張字條，但摸摸口袋卻遍尋不著紙筆。於是他又命令白牙回家去。

白牙憂形於色地瞅著他，開始邁步離開。不久又跑回原地，輕輕地嗚咽。主人溫和而嚴肅地對牠說話，白牙也豎起耳朵專注地聆聽。

「沒事的，老兄；你快回家就對了。」主人說：「回家告訴他們我出了什麼事。快回家，狼。快回家裡去！」

白牙明白「家」的意思。雖然不懂主人其他的話語，但牠了解主人是要牠回家，於是開始不情願地轉身奔跑起來，不一會兒又躊躇不決地停下腳步，回頭望著牠的主人。

「快回家！」主人厲聲喝令；白牙乖乖聽從了。

白牙到家時，史考特一家人都在走廊上納涼。牠滿身沙塵，氣喘吁吁地衝進他們之間。

「衛登回來嘍！」衛登的母親說。

孩子們開心地大叫白牙，跑上前來迎接牠。白牙避開兩個孩子直奔走廊，卻被他倆困在一把搖椅和欄杆邊。白牙低吼著想從他們身邊擠出來，孩子的母親憂心忡忡地望著他們。

「坦白說，牠一在孩子身邊我就緊張。」她說：「真怕有一天，牠會出其不意地攻擊他們。」

白牙兇狠地吼叫著從角落裡竄出，把兩個孩子都撞倒了。做媽媽的把一雙兒女叫到身邊來，吩咐他們不要招惹白牙。

「狼就是狼。」史考特法官批評：「沒有一匹可以信賴。」

「但牠並不完全是狼。」貝絲插口替不在場的哥哥伸張。

「妳還不全都是聽衛登的。」史考特法官唱反調：「衛登也只不過猜測白牙身上有部分狗的血統：事實上，他自己根本也不清楚。至於說牠的外型嘛——」

法官話沒說完，白牙已經站在他面前拚命咆哮。

「走開！喂，趴下！」法官命令。

白牙轉向親愛的主人之妻求助，咬著她的裙子猛拖。直到脆弱的布料被扯破，主人的妻子嚇得大聲尖叫。這一來，牠成了眾人矚目的焦點。牠不再吼叫；立定腳跟，仰起頭切切地注視他們。牠的喉頭劇烈的振動，卻沒有出聲，卯足全身力氣掙扎努力，想表達什麼卻又表達不出，賣力得身體都顫抖了。

「但願牠不要發瘋才好。」衛登的媽媽說：「我早跟衛登說過，溫暖的氣候恐怕不適合北極動物。」

「牠一定是想要說什麼。」貝絲宣稱。

這時白牙口中突然湧出牠的語言，衝口狂吠一聲。

「衛登出事了！」他的妻子斬釘截鐵地說。

大夥兒一聽全站起來。白牙奔下台階，回頭望著他們，要他們跟來。這是牠這一生中第二次，也是最後一次吠叫，讓人明瞭牠的意思。

經過這事之後，山陵遠景的人們對白牙親切熱誠得多了，就連手臂被咬傷的馬伕也承認就算白牙是狼，牠也是條聰明的狗。只有史考特法官固執己見，引經據典地從百科全書找來許多圖文和各種博物學著作當證明，惹得人人都不滿。

時間一天天過去，陽光日復一日照耀聖塔・克萊拉谷，只是白天愈來愈短，而白牙就在來到南方的第二個冬季裡，發現一個奇怪的現象——卡麗的牙齒不再凌厲了。當牠咬著自己時，感覺像是在遊戲。動作溫溫和和的，深怕真的咬傷了白牙。白牙忘卻卡麗曾是自己生活中的包袱。當牠獨自在自己身邊嬉耍時，白牙也會認真地嚮應，努力表現好玩的樣子，結果卻是滑稽又突梯。

有天卡麗引領白牙展開漫長的追逐，穿越牧場跑到林地中。那天下午，主人預備駕馬車出門，白牙也知道。但體內存在著某種東西；它比白牙學過的所有規矩、塑造白牙的種種習性；比牠對主人的愛；甚至比牠對生存的意願更深刻。

就在那遲疑不決的一刻，卡麗又輕輕咬咬牠，然後撒腿奔開，白牙也跟著轉身追隨。那天下午主人獨自駕車出門；而樹林裡，白牙與卡麗肩並著肩齊步奔跑，宛如多年以前姬雪媽媽和老獨眼在寂靜的北國森林並肩奔跑一樣。

第五章　睡狼

大約就在這時節，報紙上大幅報導一名囚犯從聖昆廷監獄大膽逃亡的消息。那人是名惡漢，天生就是壞胚子，社會又不曾帶給他任何好影響。社會之手是很苛酷的，而那人便是它所製成的一件搶眼的樣本。他是禽獸——不錯；他是個人面獸心的傢伙。但要具體說明這隻禽獸有多可怕，恐怕只有用「殺人不眨眼」最足以形容。

聖昆廷監獄不曾使他洗心革面，懲罰也無法挫挫他的壞脾氣。他可以一聲不吭地受死，也可以戰至最後一口氣，就是不能活著被打敗。他戰鬥得愈兇狠，社會就對他愈冷酷，而冷酷的結果只會使他變得更加兇暴無情。對吉姆·霍爾這號人而言，拘束、阻礙、斷食、拳毆和棒打，都是錯誤的處置。偏偏從他還是個生活在洛杉磯貧民窟中的孩童，被抓在社會之手中等著被塑造成任何定型的東西時，所接受到的便是這樣的待遇。

就在吉姆·霍爾坐牢的第三段時期，他遇到一個和他一樣兇橫無情的獄吏。這名獄吏敗類待他極端不公平，又在典獄長面前誣告他、破壞他名譽，同時處處欺壓他。他倆之間唯一的差別就是獄吏身上帶有一大串鑰匙和一把手槍，而吉姆·霍爾卻只有赤手空拳和牙齒。可是有一天，他卻撲到獄吏的身上，像叢林野獸般用他的牙齒痛咬獄吏的咽喉。

從此以後，吉姆·霍爾被打入惡性難改的囚犯牢房，在裡頭整整苦蹲了三年。這牢房的地板、牆壁、屋頂全是鐵打的。他寸步不曾稍離那牢房，不曾見過天空和太陽。白天是一片昏暗，到了夜裡又是漆黑的闃寂。他被活活埋葬在這座鐵墓裡，看不到一張人臉，也不能夠對任何人說話。當獄吏把食物推入牢房中，他便像野獸一般地怒吼。他痛恨所有的一切。他可以一連好幾個晝夜，對宇宙暴吼出自己滿腔的怒氣。也可以相繼好幾週，甚至好幾個月不吭一聲，在寂靜黑暗中啃噬自己的靈魂。他是人，同時也是個怪物，就像在某個瘋狂腦筋的幻想中，不斷喋喋不休的東西一般可怕。

終於，他在某個夜裡逃跑了。典獄長聲稱那是絕無可能的，但牢房中確實空空如也，只見一名獄吏的屍首一半在內，一半在外地躺在牢房口。從另外兩名獄吏的屍體可以看出他在經由監獄逃向外牆途中，赤手空拳打死他們以防引起喧嚷。

他身上帶著死去獄吏的武器當裝備，成為一座被社會組織起來的龐大力量追逐、在山裡逃亡的活武器庫。當局懸賞一大筆獎金要他的人頭。貪心的農民帶著散彈槍到處搜索他的行蹤。他的血足以贖回一張抵押單，或者送個孩子上大學。熱心的公民手持長槍追捕他，一大群警犬循著他流血的足跡追查。法界偵探，領取酬佣、好勇善鬥的社會人士，運用電話、電報、專車日夜緊迫他的行蹤。

有時這些人也確實追上吉姆，於是他們英勇面對，或者鑽過有刺鐵絲網圍籬逃命的消息便透過報紙登載，讓早餐桌邊的讀者看得津津有味。正面遭遇之後，傷者、死者陸續被運送回城裡，他們留下的空缺很快便被熱衷緝兇的人補上。

就在這時，吉姆・霍爾失蹤了。大批警犬徒勞無功地追尋失去的蹤跡。遙遠的山谷裡，常見善良的農場工人被武裝人士攔路逼迫他們證明自己的身分。而不少貪婪的民眾則分別聲稱在十餘個不同的山坡發現吉姆・霍爾的遺體，要求政府發給他們交出屍體的賞金。

這段期間，山陵遠景的人們也焦急地閱讀報上的消息。他們並不覺得這是趣事，婦女們更是害怕、恐懼。史考特法官對此嗤之以鼻、報以一笑。不過這是毫無道理的。因為就在他退休前不久，吉姆・霍爾曾站在他的面前，聆聽他的判決。就在公開法庭上，吉姆・霍爾當著眾人面前宣稱，總有一天他會向判決他的法官復仇。

那次吉姆・霍爾沒犯錯；他是被人無辜入罪的。套句小偷和警察間的術語，那是「草草結案」。吉姆・霍爾因為自己沒犯的罪名，而被「草草結案」送入獄中。

由於有過兩次前科，史考特法官判了他十五年的徒刑。

史考特法官並不知道事情的真相，也不曉得自己成了警方陰謀中的一角，更不曉得手中的證據是經過捏造的偽證，吉姆・霍爾並未犯下他被控訴的罪行。反過來說，吉姆・霍爾也不曉得史考特法官完全被蒙在鼓裡。他相信法官了解整個事件的內幕，並且和警方連手陷害他坐牢。因此當他由史考特法官口中聽到自己將要度過十五年暗無天日的活死人生活，痛恨社會待他不公的吉姆·霍爾當堂站起，在法庭中大發雷霆，最後終於被六名穿著藍外套的敵人拖下去。在他心目中，史考特法官是這樁不公平判決的楔石，他把所有怨怒都發洩在史考特法官身上，並且威脅一定會報仇。於是吉姆·霍爾鋃鐺入獄……如今又逃出來。

這一切，白牙渾然不知。但在牠和主人的妻子愛麗絲之間，存在著一個秘密。每當夜闌人靜，山陵遠景的人都就寢後，愛麗絲便起身把白牙放進大廳裡睡覺。由於白牙不是看門犬，不能睡在屋子裡。因此每天一大清早，她又趁著家人未醒前偷偷溜下來把牠放出去。

就在一個這樣的夜晚，全家人都睡熟了以後，白牙半夜起來，靜靜地臥著。牠不聲不響地嗅著空氣中的訊息，研判屋裡有個陌生神。耳中傳來那陌生神移動的聲響。

白牙不吼不叫；吼叫不是牠的作風。陌生的神輕手輕腳地走著，但沒有會摩擦身體肌肉的服裝拖累，白牙走得比他更輕盈。牠靜悄悄地跟在那人的後頭。在荒野中牠曾追捕極其膽小的活肉，深知意外突襲的好處。

陌生的神停在大樓梯間底下細聽；白牙動也不動，所以當對方監視時，什麼動靜也沒看到。上了樓梯，就是通往親愛的主人最心愛的所有人之路。白牙聳起長毛，但仍耐心地等待著。陌生的神抬起腳來，就要往上爬。

這時白牙進攻了。牠不曾發出任何警告，也沒有咆哮一聲預示自己的行動，直接凌空躍起，撲在那陌生神的背上。白牙用兩隻前腳緊抓那人的肩膀，牙齒深深陷入對方的頸背。牠牢牢抓著對方一陣子，把那神拖得向後仰倒，雙雙摔倒地上。白牙一躍而起，趁著那人掙扎抓起的時候，再次運用尖利的長牙進攻。

整個山陵遠景的人都被驚醒了。樓下傳來的聲響像是有一大群惡魔在打仗；另外還有槍響聲。其間曾經響起一聲男子驚怒萬狀的尖叫，還有陣陣咆哮與怒吼。而家具撞擊、玻璃破碎的聲音更是不絕於耳。

正如方才急促驚起一樣，這場騷亂又一下子歸於死寂，整個過程持續不到三分鐘。大驚失色的家人們全都擠在樓梯的頂端。樓梯下一股彷彿氣泡自水中冒出的咕咕輕響從漆黑中傳來，有時也會變成近似吹口哨的吁吁聲，只是那聲音一下子便轉弱、停息了。接著，除了某個生物在痛苦掙扎著想吸口氣的沈重喘息，什麼聲音都沒有。

衛登·史考特按下一個電鈕，剎時整個樓梯間和樓下都盈溢著亮光。於是他和史考特法官拿著手槍，小心翼翼地往下走。其實他們用不著那麼審慎。白牙已經完成任務。在一片倒的倒、毀損的毀損的家具中，一名男子手臂掩著臉半側臥在地上。衛登·史考特俯身移開那手臂，把男子的臉朝正面翻。從傷口又深又寬的喉嚨上，可以看出那人的死因。

「是吉姆·霍爾。」史考特法官說著，父子倆意味深長地互看一眼。

然後他們轉而檢視白牙的情形。牠也像那侵入者一樣閉著雙眼，側躺在地。但當他們俯身探視時，牠也努力稍微抬一下眼皮看看他們，又努力想要搖搖尾巴，只是搖不動。衛登・史考特輕輕撫摸牠，白牙喉中也咕嚕低吼著表示認得他。可是牠的聲音非常微弱，而且很快便停止。牠的眼皮漸漸往下垂，終於完全緊閉，整個身體也彷彿鬆弛、平癱在地板上。

「可憐的東西，牠完了！」主人喃喃低語。

「我們得想個辦法。」法官說著，走向電話。

「坦白說，牠只有千分之一的生存機會。」外科大夫在對白牙進行過一個半鐘頭的急救後表示。

窗口透進曙色，電燈光線不再耀眼。除了兩個小孩，全家都圍在大夫身旁聽取他的診斷。

「一條後腿骨折，」大夫接著表示：「肋骨斷了三根，其中至少一根刺穿牠的肺，身上血液幾乎流光了，此外極可能還帶有內傷。牠一定是曾經被重重踩到過。至於貫穿牠身體的那三個子彈孔就更不用說了。千分之一的希望實在是樂觀估計，恐怕連萬分之一的希望都很難。」

「但牠絕不能失去任何一絲絲可能有救的機會。」史考特法官嚷著：「幫牠照X光——

什麼辦法都得試試——衛登，馬上打電話給舊金山的尼古斯大夫——大夫，您知道的，不是不信任你；只是要能多一絲絲機會，我們絕不放過。」

大夫寬懷大度地笑笑：「我當然了解；為牠做任何努力都是值得的。牠必須接受像一個人；不，是一個生病的小孩那樣細心的看護。還有，務必謹記我交代過的，關於溫度方面的事情。十點鐘，我會再來一趟。」

白牙受到細心的看護。原本史考特法官提議僱位訓練有素的護士來，卻被非要親自挑起這工作的女兒們忿忿不平地推翻，而白牙也贏得連大夫也不敢指望的萬分之一希望。

這也不能責怪大夫的判斷錯誤。行醫生涯中，他所救治、照顧的都是些柔弱的文明人。他們因襲世世代代接受庇護的血統，過著處處被保護的生活。和白牙相比，他們顯得脆弱而單薄，也沒有半分力氣去抓緊自己的生命。白牙來自荒野；在那兒，所有弱者都必定夭亡，天地也不會提供任何庇護給萬物。不但牠的父母雙親都不是弱者，就連以上的世世代代也都不是。白牙繼承了鋼鐵一般的體格，以及荒野之中堅韌的生命力。牠用盡全身上下每一分精神與力氣，以所有生物固有的韌性緊抓住生命。

白牙被打上石膏，纏上數不清的繃帶，像個囚犯一樣動彈不得地纏綿病榻好幾週。牠睡得極多，夢境頻仍，一幅幅無窮無盡的北國景象在心頭掠過。過去的幻影一湧而上，和牠相依傍。牠再度和姬雪同住在狼窩；雙腿觳觫地爬到灰鬍子面前向他輸誠；在利嘴和整群狂吠的小狗面前飛奔逃命。

牠再度在歷時數月的飢荒中追捕活生生的食物，在寂靜中奔忙；再度在狗隊前方奔跑；當牠們行經狹隘的通路，整個隊伍像收合的扇子般聚攏時，米沙和灰鬍子便呼呼揮舞手中的長鞭，嘴裡「啦！啦！」地催促。牠重新度過和帥哥史密斯同行的每一個日子，打牠曾經打過的每一場仗。每當此時，牠便在睡夢中嗚咽、咆哮，而守在旁邊的家人們就會說白牙一定是在做惡夢。

然而在這種種夢魘中，有一個夢境最讓牠難過——那就是牠心目中一直有著如尖叫的大山貓、匡啷匡啷響不停的電車怪物。夢是這樣開始的；牠趴在一叢矮樹中，偵伺大膽從樹上藏身處跑到地面來的小松鼠，然後從樹叢中向松鼠撲去，結果松鼠變成電車吱吱喳喳地尖叫著，像山一般高高對牠威脅恫嚇，朝牠噴火。在牠挑釁空中的老鷹飛下來時也一樣。那老鷹總是從藍天之中俯衝而下，就在快撲到自己身上時突然變成無所不在的電車。又或者，牠會回到帥哥史密斯的獸欄裡。獸欄外，人潮大批聚集，牠知道一場打鬥又將開始了。牠盯著入口，等待對手進來。門關了，被推進場中與牠相抗的是部可怕的電車。這樣的惡魘，在牠夢中重複上千次，每次都比前面一次更恐怖、更鮮活、更駭人。

終於有一天，最後一條繃帶、最後一處石膏都被拆下來。那是個歡慶的日子。整個山陵遠景的人們都圍繞在牠身邊。主人揉著雙眼，白牙也輕輕哼唱牠愛的低吼。主人的妻子喚牠「福狼」，眾人都以歡呼聲接受這名稱，所有女性全都「福狼！」「福狼！」地叫著。

牠想站起來，試了幾次之後，是因爲體弱無力而倒下。牠已經躺得太久了，肌肉失去靈活性，力氣也已經消失。牠爲自己的虛弱而微微感到羞赧；彷彿自己未能做到對他們應有的禮儀。因此牠英勇地奮力再站起；終於，在幾經嘗試之後，牠立穩了腳跟，搖搖欲墜地來回搖晃著。

「福狼！」婦女們齊聲歡呼。

史考特法官得意揚揚地打量著她們。

「妳們總算親口這樣叫牠了。」他說：「可見我一向的主張是對的。單憑一條狗絕對不能做到牠那樣。牠是一匹狼。」

「一匹福狼。」法官的妻子糾正。

「對，是一匹福狼。」法官同意：「從此以後，我就這樣稱呼牠。」

「牠必須重新學會走路，」大夫說：「最好馬上就開始。這對牠不會有傷害；帶牠出去吧！」

於是牠像個國王一樣，在全家人的伺候、簇擁中來到屋外。牠很虛弱，一到草地上便躺下來稍事歇息。

然後行伍繼續前進。由於運用到肌肉，白牙開始恢復一點點體力，血液也在肌肉之間流動著。馬廄到了；卡麗躺在門口。陽光下，有六隻矮矮胖胖的小狗圍著牠遊玩。

白牙驚奇地觀望著牠們。卡麗咆哮著警告牠，白牙也小心翼翼地保持一段距離。主人把一隻滿地亂爬的小狗撥向牠。白牙狐疑地豎起牠的毛，不過主人表示沒關係。被一名女眷緊緊摟在臂彎中的卡麗警戒地盯著牠，咆哮一聲，警告牠這關係大著哩！

這時小狗爬到牠面前。牠豎起耳朵，好奇地瞅著小東西。然後牠們相互碰鼻子；牠感到小狗溫暖的小舌頭舔在自己的頰邊。白牙也伸出自己的舌頭，莫名所以地舔起小狗的臉。

神們歡呼、鼓掌歡迎這演出。白牙大吃一驚，神情困惑地看著他們。這時虛弱又來襲。牠豎著耳朵、趴在地上，偏著頭望著那一隻小狗。

讓卡麗萬分不快的是另外那些小狗也一隻一隻朝牠爬；而白牙則莊嚴地默許牠們爬到自己身上、在上面翻滾。最初，在神的聲聲喝采中，白牙微微流露過去那種扭捏和尷尬。後來，在小狗們又跳又鬧的胡鬧間，白牙的尷尬、扭捏消失了，半闔起容忍的眼睛，在陽光之下打起盹來。

〈全書終〉

風雲動物文學

白牙

作　者　傑克・倫敦
譯　者　楊玉娘
出版者　風雲時代出版股份有限公司
出版所　風雲時代出版股份有限公司
地　址　105台北市民生東路五段一七八號七樓之三
網　址　http://www.books.com.tw
電子信箱　h7560949@ms15.hinet.net
服務專線　（○二）二七五六—○九四九
傳　真　（○二）二七六五—三七九九
郵撥帳號　一二○四三二九一
執行主編　劉宇青
封面設計　蕭麗恩
法律顧問　永然法律事務所　李永然律師
北辰著作權事務所　蕭雄淋律師
版權授權　林郁工作室
出版日期　二○○八年十一月初版
定　價　新台幣一八○元
總經銷　成信文化事業股份有限公司
地　址　台北縣新店市中正路四維巷二弄二號四樓
電　話　（○二）二二一九—二○八○
行政院新聞局局版台業字第三五九五號
營利事業統一編號二二七五九九三五

國家圖書館出版品預行編目資料

白牙／傑克・倫敦(Jack London) 著；楊玉娘 譯
. -- 初版. -- 臺北市：風雲時代, 2008.10
面；公分
譯自：White Fang
ISBN　978-986-146-494-7（平裝）

874.57　97017690

White Fang